西安市科技局科普专项支持（项目编号：24KPZT0015）

前沿科技科普丛书

人工智能

RENGONG ZHINENG

前沿科技科普丛书编委会　编

西安电子科技大学出版社

图书在版编目(CIP)数据

人工智能 / 前沿科技科普丛书编委会编. — 西安:
西安电子科技大学出版社, 2023.11
(前沿科技科普丛书)
ISBN 978-7-5606-6806-2

Ⅰ.①人… Ⅱ.①前… Ⅲ.①人工智能—青少年读物
Ⅳ.①TP18-49

中国国家版本馆 CIP 数据核字(2023)第 033968 号

策　　划　邵汉平　穆文婷
责任编辑　邵汉平　穆文婷
出版发行　西安电子科技大学出版社(西安市太白南路 2 号)
电　　话　(029)88202421　88201467　　邮　　编　710071
网　　址　www.xduph.com　　电子邮箱　xdupfxb001@163.com
经　　销　新华书店
印刷单位　广东虎彩云印刷有限公司
版　　次　2023 年 11 月第 1 版　　2023 年 11 月第 1 次印刷
开　　本　787 毫米×960 毫米　1/16　印张　6
字　　数　100 千字
定　　价　26.80 元
ISBN　978-7-5606-6806-2 / TP
XDUP　7108001-1

前言

人工智能是一种模拟人类智能的计算机科学技术。随着科学技术的发展,人工智能技术日益成熟。可以设想,未来的人工智能产品,将为人类社会带来巨大的改变。

本书主要介绍人工智能的相关知识，包括人工智能的概念、发展历程,人工智能的现状、未来及人工智能在金融、医疗、工业生产等领域的应用。通过本书,读者可以初步了解人工智能在人们生活中的应用,比如智能客服、智能语音助手、智能身份识别等。书中还介绍了一些著名的人工智能体,比如“阿尔法围棋”、小爱语音、Siri等,以此全方位解析人工智能对我们生活的影响和改变。

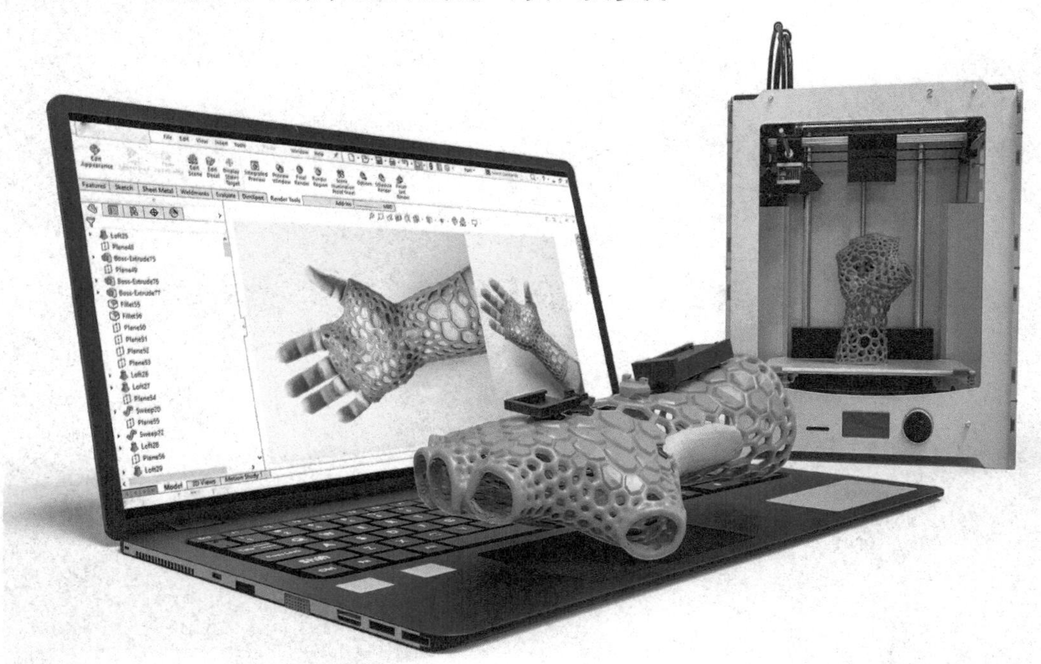

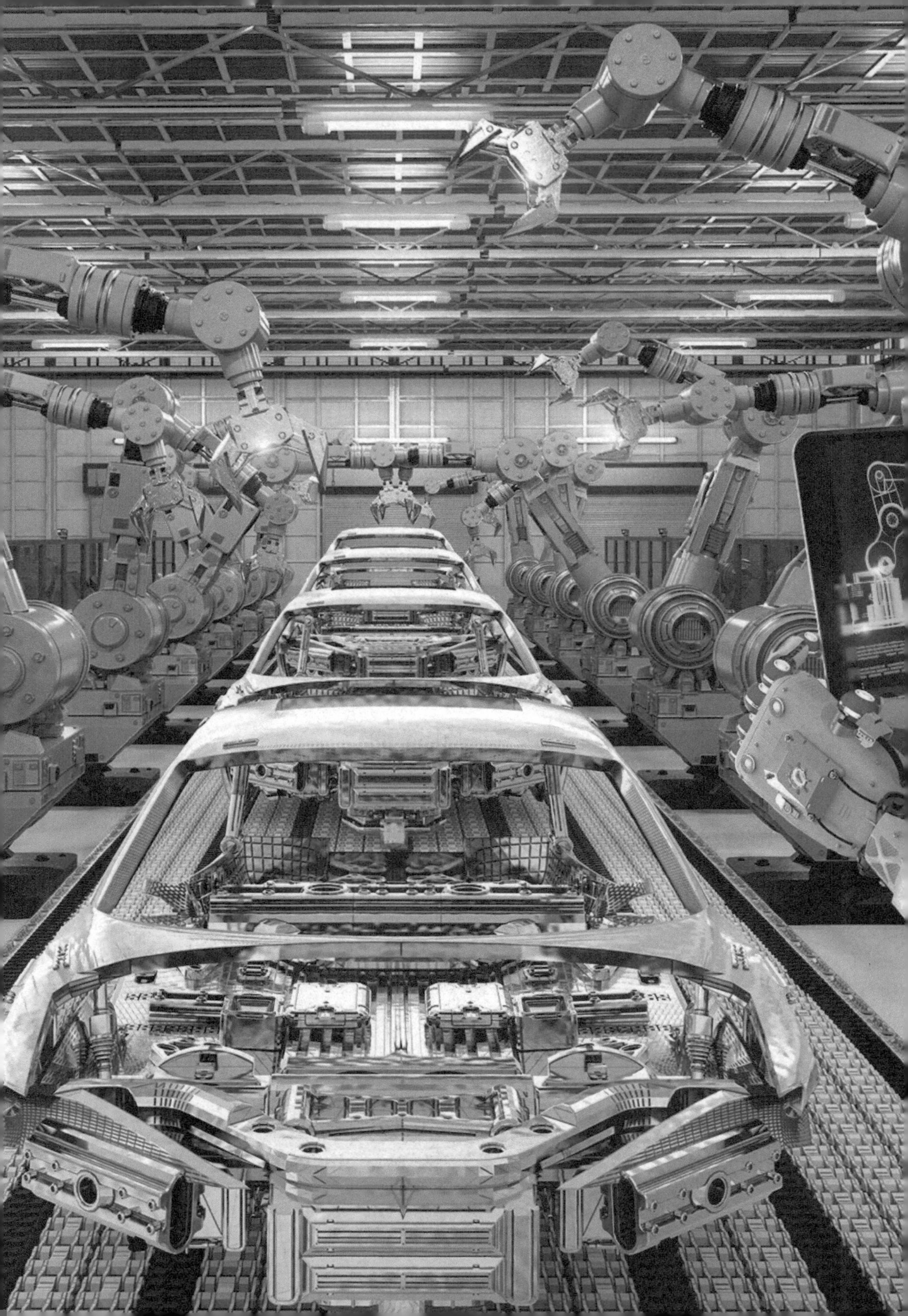

目录

人类创造的智能 ······1

人工智能出现 ······2

人工智能大发展 ······4

人工智能和计算机技术 ······6

从机器人到人工智能 ······8

有趣的图灵测试 ······10

人工智能的现状 ······12

人工智能的能力 ······14

让机器学会学习 ······16

人工神经网络 ······18

深度学习 ······20

智能感知能力 ······22

人工智能的视觉 ······24

语音识别能力 ······26

发挥群体的智慧 ······28

人与机器的交流 ······30

走进虚拟的世界 ······32

理解人类的语言 ······34

学习知识表达 ······36

学会分析推理 ······38

大数据技术 ······40

大语言模型 ······························42
计算机看图描述 ························44
AI 写作 ······································46
AI 绘画 ······································48
AI 语音合成 ······························50
身边的人工智能 ························52
人工智能的产业 ························54
智能制造 ··································56
智能 3D 打印 ···························58
智能服务 ··································60
智能客服 ··································62
智能语音助手 ···························64
智能金融 ··································66
智能身份识别 ···························68
智能家居系统 ···························70
智能安防系统 ···························72
智能医疗 ··································74
智能教育 ··································76
智能搜索引擎 ···························78
无人驾驶汽车 ···························80
智能仓储 ··································82
智能控制系统 ···························84
智能专家系统 ···························86
人工智能的未来 ························88

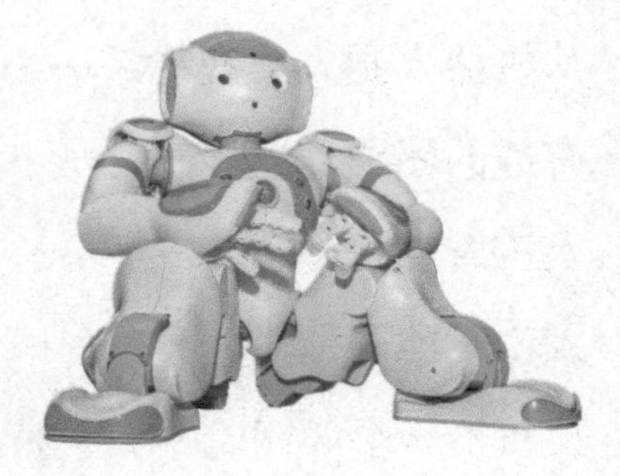

人类创造的智能

人工智能被公认为21世纪的三大尖端技术之一。人工智能，从字面上理解，就是人类创造的智能。人工智能产品能够按照人类的行为方式及思维方式来处理事务。目前，最为人们所熟知的人工智能产品是智能机器人。

▲ 人工智能由人类创造

人工智能的核心

人工，是由人制造的意思，主要涉及人工智能的开发和实现；智能，指具有人的意识和思维，例如理解、推理、决策等能力。这两部分共同构成了人工智能的核心。

▶ 智能机器人

不同于人类的智慧

人工智能并不能取代人类真正的智慧。人们创造人工智能是为了使机器能够胜任一些通常需要人类的智慧才能完成的复杂工作。

人工智能出现

人工智能听起来很高深，实际上仍是一种人类创造的技术。人工智能的原理源自古代数学，在近现代数理逻辑、神经模型和计算机技术的发展影响下转变为现实。

算法、数学和逻辑

算法不是数学，它是解决一个问题采用的步骤。

算法和数学有关系，它可以用在数学运算里。

逻辑是算法的组成部分，改变逻辑可以改进算法。

逻辑和数学不同，逻辑研究思维方法，数学研究数量、结构和空间变化。

古代算法的发展

在古代，中国、希腊等国家的数学家都提出过一些推理的算法，这些算法推动了数学和逻辑学的发展。

近代逻辑学的出现

近代数学家发现，所谓逻辑，就是一种计算。他们进行了数理逻辑的研究，认为在一定条件下，任何数学推理都可以自动实现。这种推理让智能技术实现了突破。

▼ 数理逻辑是人工智能的基础

神经网络的产生

20世纪40年代,神经网络模型产生。它是将数学和算法相结合，模仿人类思维的数学模型，是后来人工智能的底层模型。

人工智能的提出

1956年,美国达特茅斯学院举行了历史上第一次人工智能研讨会,会上“人工智能”的概念被首次提出。此次会议标志着人工智能正式成为一门学科。

人工智能大发展

人工智能自1956年提出至今，已有60多年了。这60多年来，人类对人工智能技术的探索从未停歇，在曲折的发展道路中实现一次次突破，取得了一定的成就。

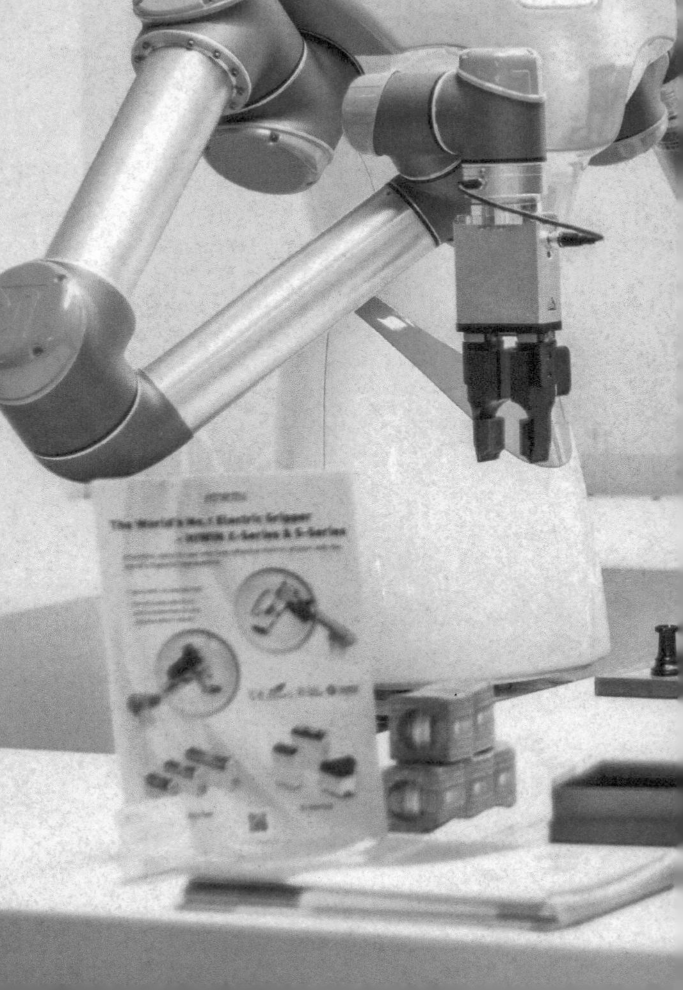

▶ 机器人和人类下国际象棋

人机对话发展

20世纪60年代，计算机技术得以发展，人工智能语言诞生。1966年，美国科学家开始研究人机对话技术，开发出了聊天机器人。这个聊天机器人能通过脚本理解简单的自然语言，和人类互动。

人工智能发展的低谷期

20世纪70年代，人工智能的发展遭遇瓶颈。一方面，当时计算机的局限性限制了人工智能的发展；另一方面，由于研究停滞不前，相关机构停止了对人工智能研究的资助。

“深蓝”计算机挑战成功

20 世纪 80 至 90 年代，人工智能技术在实际应用领域得到普及。1997 年，IBM 公司制造的“深蓝”计算机挑战国际象棋棋王卡斯帕罗夫并获得成功，标志着人工智能技术的进步和发展。

▲ 卡斯帕罗夫

▲ “深蓝”计算机机组之一

“阿尔法围棋”胜利

进入 21 世纪，大数据、云计算、互联网促使人工智能技术飞速发展。2016 年，美国谷歌公司研发的“阿尔法围棋”（AlphaGo）战胜韩国围棋名手李世石，成为人工智能史上一座新的里程碑。

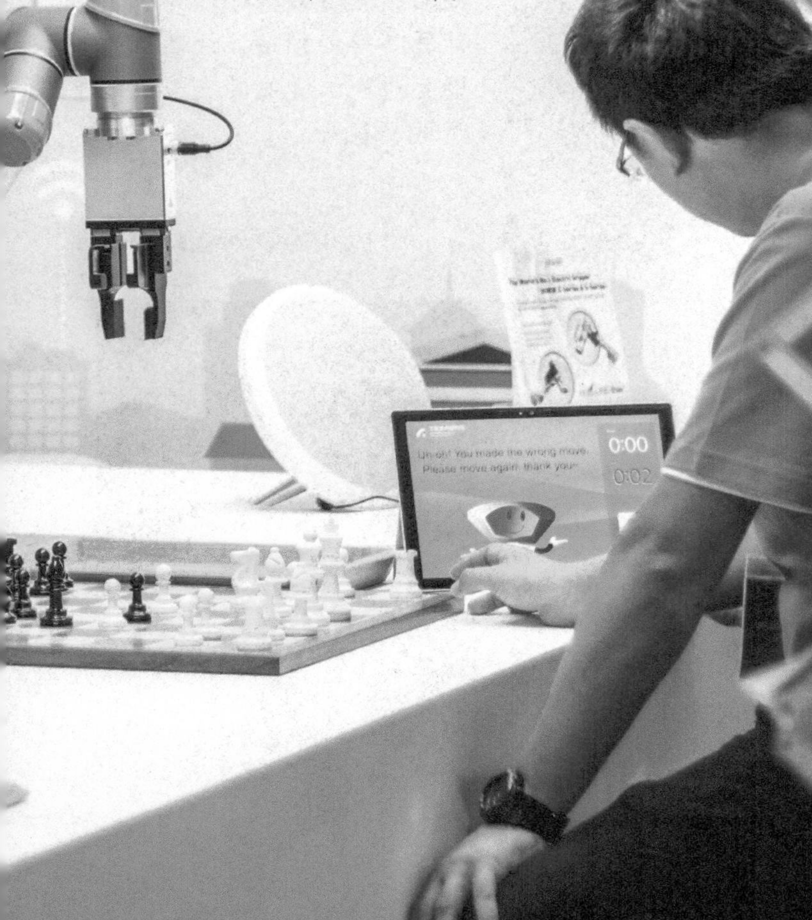

人工智能和计算机技术

人工智能是计算机科学的一个分支，它的发展和计算机技术密切相关。可以说，计算机技术的进步为人工智能技术的发展提供了基础和支撑，而人工智能技术的进步则推动了计算机技术的多元发展。

计算机诞生

1946年，第一台计算机ENIAC在美国宾夕法尼亚大学诞生。在第二次世界大战期间，美国用这台计算机来计算导弹的弹道。计算机的诞生为人工智能的发展奠定了技术基础。

◀ 工作人员在计算机 ENIAC 上编程

图灵测试

1950年，“计算机科学之父”艾伦·麦席森·图灵提出创造真正的智能计算机的可能性，并提出了著名的“图灵测试”。这个测试就是早期的人工智能方案。

▲ 艾伦·麦席森·图灵

计算机应用滞后

20世纪70年代，人们认为计算机能模仿人的一切工作内容，但事实上，计算机的应用领域相对有限，计算机应用发展也相对滞后。

计算机智能

20世纪90年代，随着人工智能技术的应用，计算机开始朝智能方向发展。语音技术的开发，让计算机能“听”能“说”；视觉技术的开发，让计算机能“看”。

计算机发展简史

第一代：电子管计算机

1946年，第一台电子管计算机(ENIAC)诞生。它是真空电子管计算机，其体积大、速度慢、价格高，但为计算机后来的发展奠定了基础。

第二代：晶体管计算机

第二代计算机用晶体管作元件，体积缩小，能耗降低，运算速度也变快了，性能比第一代计算机有了很大的提高。除了科学计算，第二代计算机还应用于工业领域。

第三代：集成电路计算机

第三代计算机用中小规模集成电路作元件，速度更快，性能更稳定，并且开始应用于文字处理和图像处理领域。

第四代：大规模集成电路计算机

第四代计算机采用超大规模集成电路作元件，计算机体积更小，出现了网络管理系统，并且开始走向家庭。

从机器人到人工智能

早在人工智能发明之前，机器人就已经诞生了，它们能够代替人类做一些工作。人工智能出现后，机器人便朝着更加智能化的方向发展。不过，人工智能并不等同于智能机器人。

所属行业不同

机器人属于机械行业，是一种能够半自主或全自主工作的智能机器；人工智能属于计算机行业，是一种模拟人类智慧的科学技术。

人工智能机器人的发展

人工智能机器人主要有工业机器人和服务机器人，很多国家都在此领域投入了大量的人力和资金。国际上的工业机器人主要用在汽车工业中，服务机器人以扫地机器人、娱乐机器人和医疗看护机器人为主。我国在这个领域起步较晚，但一直在努力研制相关应用。未来在国家的支持下，智能机器人将应用到纺织、物流、国防军工等行业。

核心技术有别

包括人工智能机器人在内，机器人的核心是一个会动的“身体”，靠设置好的程序来控制；而人工智能的核心是一套系统，靠算法来支撑。

应用范围不同

机器人的应用范围主要局限于物理世界，用于执行具体的任务；而人工智能的应用范围则更加广泛，可以应用于各种计算机程序，如搜索引擎、推荐系统、语音识别等。

未来相互合作

未来，机器人和人工智能很有可能实现跨界合作，用人工智能来武装机器人的“大脑”，用机器人的“身体”来实现人工智能技术的广泛应用。

有趣的图灵测试

前文提到的图灵测试，简单来说，就是人用装置（如键盘）和计算机对话，来测试计算机是否具有“智能”。它是由英国科学家艾伦·麦席森·图灵发明的。图灵认为，通过测试的计算机，才算拥有了人类的智能。

理念提出

早在1936年，图灵就提出了“图灵机”的构想。1950年，他提出了创造具有智能的机器的可能性。

▶ 机器人和科学家进行图灵测试

测试内容

在人和被测计算机隔开的情况下，人通过装置和计算机对话。多次测试后，当有30%的人认为和自己对话的不是计算机而是真实的人时，就可以认为这个计算机有人类的思维，测试就算成功了。

天才般的科学家——艾伦·麦席森·图灵

艾伦·麦席森·图灵,1912年出生在伦敦。小时候,他就表现出了对数学的极大兴趣,15岁时就能理解爱因斯坦的相对论。后来,他考入剑桥大学,进行数学研究。

1949年,图灵负责最早的计算机软件理论开发,成为世界上第一个把计算机用于数学研究的科学家,这也让他拥有了“计算机科学之父”的头衔。

1950年,图灵编写并出版了《曼彻斯特电子计算机程序员手册》,并发表了《机器能思考吗》这篇划时代的论文,赢得了“人工智能之父”的桂冠。

图灵测试的例子

评判者:你好,请问你是人还是机器人?

人:你好,我是真正的人类。

机器人:你好,我也是真正的人类。

评判者:今天天气真好,你想出去散步吗?

人:是的,今天天气晴朗宜人,我很想出去呼吸新鲜空气,散散步,放松心情。

机器人:我同意,阳光明媚的日子出去散步是很好的选择。运动可以让人更有活力。

评判者:你认为下象棋需要怎样的思维?

人:下象棋需要进行空间思维和推演,要提前考虑各种变化才有可能成功。这需要多加练习,积累经验。

机器人:下象棋需要进行深层的计算与搜索,评估不同走法的优劣并选择最佳方案。

针对上述对话,仅看交流内容,评判者可能很难判断出对方是人还是机器人。如果机器人可以随意应对各种问题,并给出逻辑合理、语句流畅的回答,那么它就能通过图灵测试,被认为获得了某种程度的“智能”。这就是图灵测试的基本思想。

人工智能的现状

经过60多年的发展，如今，人工智能技术有了大幅度提升，开始广泛应用于人类生活的许多领域，很多国家也都将其作为研发重点。

▲ 人工智能技术在不同领域均有应用

研究范围大

人工智能是一门交叉学科，它结合了多个学科的知识和研究成果，包括数学、计算机科学、神经学、统计学、遗传学等。随着技术的发展，人工智能的交叉范围越来越广，涉及的领域和学科也越来越多。

▼ 索菲亚机器人能够模仿人类的手势和面部表情，并能理解人类的语言，与人类进行简单的交流

多元能力强

今天的人工智能设备，不仅能跟人交流，能感觉到人类的思想，还能自己学习、自己运动，甚至能感受到人类的情感。

▲ AR 互动游戏

科学应用广

今天的人工智能不仅应用于普通的计算机，还进入了家庭生活。我们用的扫地机器人、智能音箱，玩的AR互动游戏，都使用了人工智能技术。

◀ 扫地机器人

▶ 智能音箱

社会影响大

伴随人工智能的应用，社会各个领域都将发生相应的变革。人工智能会造就一些新兴行业，改变人类的生活方式，对人类自身的智力发展也会产生很大的影响。

▶ 上海街头的机器人警察

人工智能的能力

人工智能的发展已经取得了很大的进步，但目前的人工智能技术仍然需要人类的控制和指导。与人类的思维能力相对应，人工智能具有计算能力、学习能力、感知能力、认知能力等。

▲ 扫地机器人能自动检测房间布局，然后规划打扫路径。它既能清除地面灰尘，又能清扫毛发、瓜子壳、食物残渣等杂物

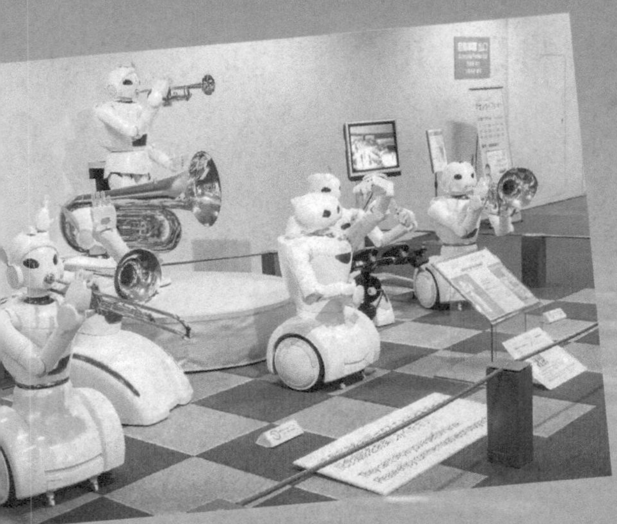

▲ 日本丰田公司开发的“机器人乐队”正在进行演奏

计算能力

计算能力是人工智能最基础的能力，它依赖于计算机算法的发展和芯片技术的进步。计算能力也为人工智能的后续发展奠定了基础。

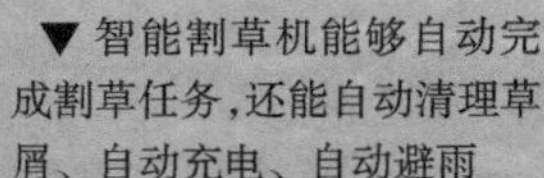

▼ 智能割草机能够自动完成割草任务，还能自动清理草屑、自动充电、自动避雨

学习能力

学习能力是人工智能非常重要的能力。让机器像人一样学习、思考，并按照人类的要求工作，是人类的梦想。

感知能力

感知能力是人工智能感知世界，获取外部环境信息的能力。目前，人工智能的“感觉”越来越敏锐，越来越接近人类的感知能力了。

▲ 人工智能机械手正在进行国画创作

▼ 冰川机器人可携带各种冰川检测仪器，对大气样本进行采集和分析，是人们探索冰川奥秘的新型工具

认知能力

认知能力是人工智能获取和处理知识的能力，是一种高级的能力。拥有这种能力的人工智能，可以像人一样表达知识、进行推理、判断决策和解决问题。

目前人工智能的局限性

目前的人工智能都是专用人工智能，按照人类设定的程序运作，在各种专业领域发挥作用，还无法像人类一样处理复杂的问题。“深蓝”计算机可以下象棋，但不能下围棋；“阿尔法围棋”可以下围棋，但不会下象棋。科学家预测，未来的人工智能将向具有多种能力的方向发展。

让机器学会学习

人类具有自主学习的能力。我们说聪明的人往往更会学习，其实人工智能也一样。为了让机器更好地为人类服务，人类开始让机器学习，并设计了多种学习方法来提升机器的学习能力。

人工智能的学习方法

模拟人脑 VS 数学方法

1.模拟人脑的基础是认知心理学；数学方法的基础是数据分析。

2.模拟人脑输入的是符号或数值；数学方法选择的是数学模型。

3.典型的模拟人脑的方法是记忆法；典型的数学方法是牛顿迭代法。

归纳学习 VS 演绎学习

1.归纳学习是从各种知识里找到规律；演绎学习是从一般结论推导出个别例子。

2.归纳离不开演绎，演绎也离不开归纳。

有监督学习 VS 无监督学习

1.有监督学习输入的主要是函数，学习结果也是函数；无监督学习输入的主要是方法，学习结果是数据的分类。

2.人工智能由有监督学习向无监督学习方向发展。

结构化学习 VS 非结构化学习

1.结构化学习的主要方法是计算或推演；非结构化学习的主要方法是类比、解释、举例等。

2.结构化学习相对简单，无法适应复杂多变的情况；非结构化学习具有更强的灵活性和适应性。

学习发展

人工智能的学习经历了一个漫长的发展阶段：从最开始的简单学习，发展到模仿人类学习；从学习单门知识，发展到学习多种知识；从单一的学习，发展到用多种方法，对多种学科的学习。

学习类型

人工智能的学习类型有多种：有模拟人脑的，也有直接采用数学方法的；有归纳性的，也有演绎性的；有有监督的，也有无监督的；有结构化的，也有非结构化的。

▲ 人工智能可以从使用者输入的数据中获得知识

学习要素

人工智能学习具备三个基本要素，分别是：模型、策略、算法。其中，模型是人工智能学习的基础，策略是选择最好的模型的准则，算法是挑选模型的方法。

▼ 人工智能将为人类生活提供新的模式

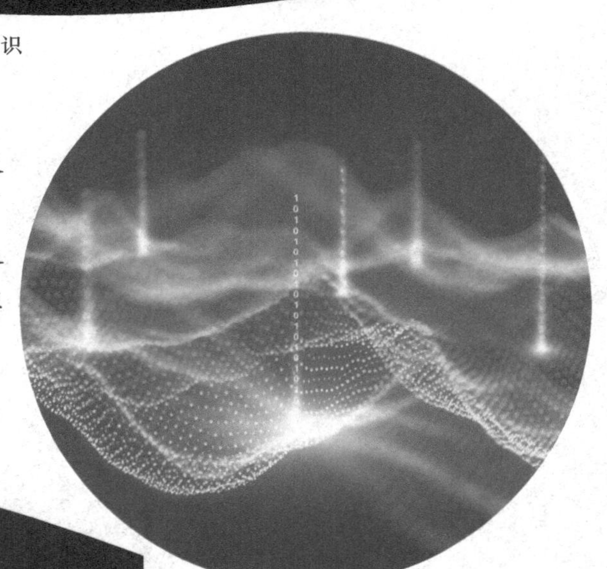

▲ 具备复杂结构的深度学习模型

著名算法

人工智能学习需要依靠一定的算法，目前有最常见的人工神经网络算法，有重视特点分类的朴素贝叶斯算法，还有新兴的深度学习。

人工神经网络

算法是人工智能各项能力发展的基础。人工神经网络算法是人工智能用来学习的最主要的算法。这种算法模拟人脑的神经系统,还能不断升级,能力非常强。

发展历史

1943 年,“神经网络”的概念首次被提出。之后,人工神经网络进一步发展,到 20 世纪 60 年代,开始出现神经网络模型。如今,人工神经网络已经成为人工智能领域的研究热点。

◀ 神经网络的数学模型是由美国数学家沃尔特·皮茨和美国神经学家沃伦·麦卡洛克提出的,图为沃尔特·皮茨

人工神经网络在生活中的应用

信息处理：自动跟踪监测仪器系统、自动控制制导系统、故障诊断和报警系统等。

模式识别：语音识别、指纹识别、遥感图像识别、人脸识别等。

生物检测：癌症检测、脑电信号分析、心电信号压缩、在线问诊等。

交通运输：驾驶员行为模拟、参数估计、路面维护、车辆检测与分类等。

▲ 人工神经网络想象图

网络结构

人工神经网络模拟人类的大脑结构，由神经元和激活函数组成。人工神经元就相当于大脑中的神经元，激活函数就相当于大脑神经突触的连接方式。

基本特征

人工神经元时刻处于激活和抑制的状态，神经元之间不断相互作用，并且能根据人类的设定进行不断升级。

性能优越

人工神经网络有自主学习的功能，也有存储信息的功能，可以把学到的信息存储起来。当遇到一个复杂的问题时，人工神经网络还可以快速找出最佳答案，它的运算能力比较强。

深度学习

除了常规的学习活动，现在的人工智能还能进行深度学习。所谓深度学习，就是让人工智能去学习掌握数据的内在规律，像人一样具有感知能力，能分辨语言和图像。

学习特点

相较于普通学习，深度学习有多个学习层次，可以用大数据来丰富数据信息，建立多种学习模型，并通过不断训练实现学习功能。

谷歌大脑

谷歌大脑是什么？

谷歌大脑是谷歌公司开发的一款模拟人脑的软件。这个软件搭建了全球最大的中枢网络系统，能进行自主学习。

谷歌大脑的作用是什么？

谷歌大脑能识别人们讲话的内容，能直接搜索图像，能进行语言翻译，能直接定位大街上的某一个地方。

哪些产品里有谷歌大脑？

我们知道有些手机、无人驾驶汽车、人脸识别系统里有谷歌大脑。另外，谷歌大脑还曾经被用到谷歌公司制造的谷歌眼镜中。

▶ 谷歌地图

学习模型

深度学习有多种学习模型，典型的有卷积神经网络模型、深度信念网络模型、自编码网络模型等。

训练过程

深度学习领域的鼻祖之一杰弗里·辛顿提出了建立多层人工神经网络的方法，可以从底层向上搭建，也可以从顶层向下逐层搭建。

技术应用

目前，深度学习在计算机视觉、语音识别等领域都有应用。百度、谷歌、腾讯、华为等公司都建立了人工智能团队，搭建深度学习集群，用于搜索引擎、在线翻译等技术开发。

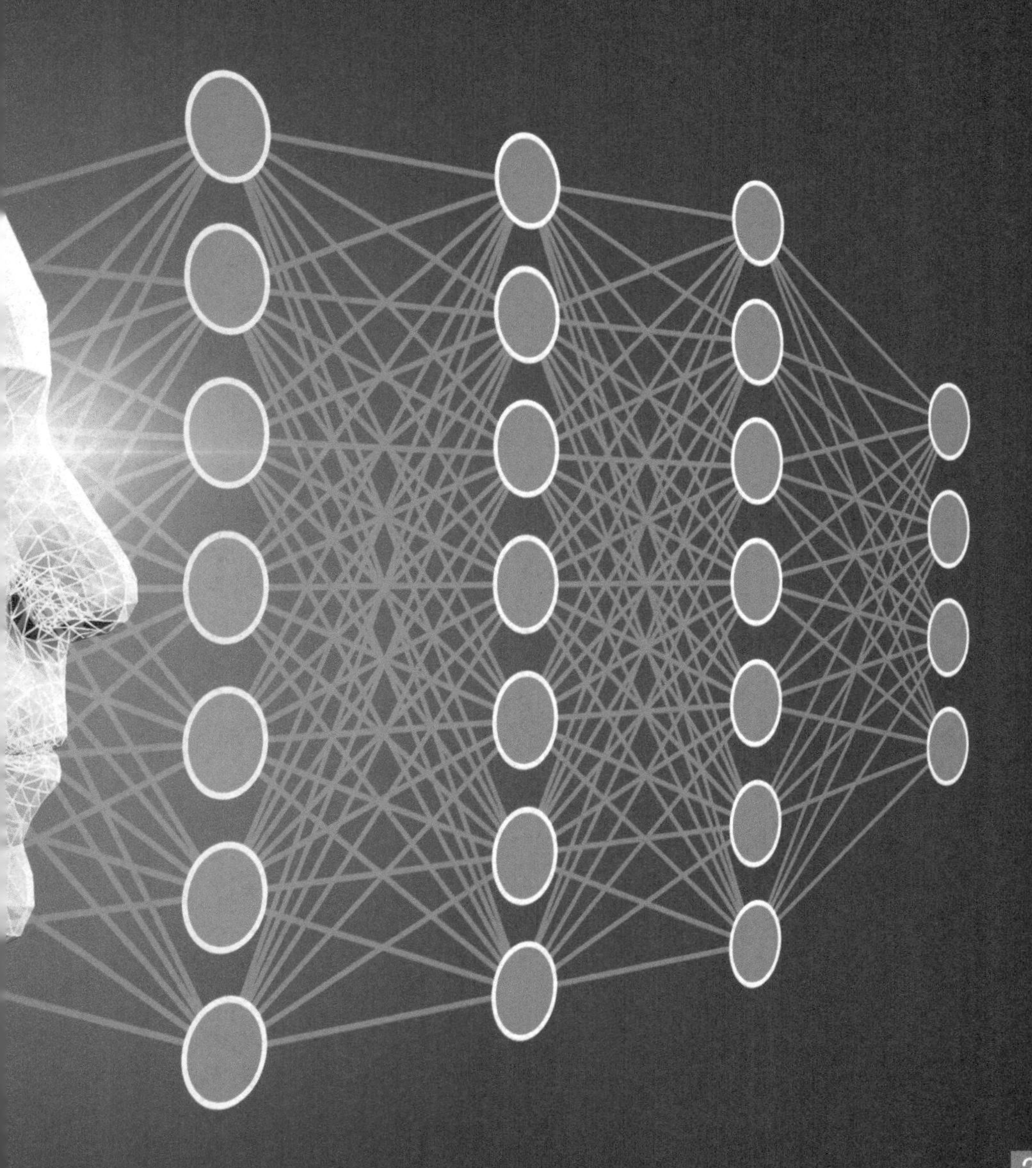

智能感知能力

人的思维活动离不开人体对外界信息的感知。同样，深度学习培养了人工智能的感知能力，让机器也拥有视觉、听觉等，能识别物体、行为、说话者、语音内容，能代替人类做很多事情。

▲ 智能扫读笔

机器视觉

机器视觉，就是人工智能像人一样“看”的能力。这种能力可以让机器在很多场所代替人的眼睛去工作。

▼ 摄像头

机器听觉

机器听觉，就是人工智能像人一样“听”的能力。这种能力可以让机器识别声音、处理声音。

▲ 智能语音通话

智能感知的现在和未来

现在的人工智能拥有视觉和听觉，也能够理解人类的语言。这些能力在智能识别、在线翻译、智能搜索等方面得到了充分发挥。未来的人工智能还可能具有触觉和嗅觉，能深度感知人类的行为和想法，将更加智能化。

自然语言处理

自然语言处理，就是要让机器理解人的语言。这种技术不仅能将人类发出的语音信息转换为文字，还能识别和处理人类的各种方言信息。

▲ 智能语音助手适用于多种场景

人机交互

人机交互，指机器和人对话的能力。这种能力让人类可以通过声音、动作、眼神，与机器进行交流。

人工智能的视觉

我们知道，人可以通过眼睛看东西来掌握信息。在人工智能系统中，“看”也是一项基本能力。机器没有眼睛，要像人一样“看”，就需要借助一些设备和技术来实现。

▶ 牧羊机器人

图像识别技术

图像识别的定义

图像识别，又叫“图像再认”，是计算机对图片进行分析、理解的技术。

图像识别的发展

机器对图像的识别技术，经历了从文字识别、数字图像识别到物体识别的过程。

图像识别的应用

刷脸支付：基于人脸识别技术和支付功能相结合的新型支付方式，支付宝、微信等平台都开启了刷脸支付功能。

人脸认证：银行等系统已经开启了人脸认证，可保证银行系统的安全。

机器阅卷：试卷中的客观题一般使用答题卡，可以直接由机器批改，减轻了阅卷老师的负担。

智能搜题：现在一些题库提供识别功能，只要拍一下题目进行搜索，就可以搜到题目解析。

医学检查：我们在医院拍X光片，做B超、CT，都是通过扫描身体来形成影像的。

扫码识别：我们可以通过扫描二维码登录、支付或查询信息。

▲ 扫描二维码登录

系统组成

人工智能视觉系统的组成，需要很多设备，其中最主要的是照明、镜头、相机、图像采集卡和视觉处理器。

▼ 扫地机器人的视觉识别功能日渐完善，实用性也得到了提升

▲智能制药厂的视觉传感摄像系统

工作原理

机器“看”东西，需要分三步：把检测的目标转换成图像，传送给图像处理系统；系统把图像转化成数字信号；系统再抽取这些信号的特征，根据预设的条件输出结果。

▶人脸检测与识别

▲无人驾驶汽车的智能视觉系统

技术需求

要实现“看”的功能，机器须具备图像处理技术、机械工程技术、光学成像技术、数字视频技术等多项技术。

机器视觉的特点

机器视觉系统有很高的分辨率，检测物体时，差错非常小，当查到有问题的图像时，就会迅速作出反应，效率非常高。

语音识别能力

人们除了能用眼睛看，还能用耳朵听。现在的人工智能已实现了听觉功能。机器听觉最核心的技术就是语音识别，它不仅能使机器识别人的声音，听出人的情感变化，还能识别音乐等声音。

语种识别

人工智能识别语言，要用机器把声音提取出来进行分解，转成语谱图后，再通过识别语谱图中的语言特征来判断这个声音属于哪种语言。

▲ 智能语音

情感识别

任何人讲话都会带有一定的情感或情绪，人类习惯将情感体现在声音里。科学家正在研制一种基于人类听觉系统的语音情感识别算法，能够对愤怒、恐惧、快乐、悲伤等情绪进行识别。

▼ Pepper是全球首台会表达情绪的机器人，能够和人类进行交谈

▲ 人工智能的声音检测功能广泛应用于工厂、实验室等场所

影响语音识别的因素

1.环境里的噪音；
2.声音的传输通道；
3.不同人说话的方式。

声音检测

机器正常运转时，都带有某种规律性的声音，如果机器出现故障，声音就会发生变化。目前，科学家正在尝试用人工智能的听觉来进行设备检测，检查机器的磨损情况。

音乐识别

一段音乐里包含了旋律、和弦、节奏、音色等要素，智能听觉可以通过分辨各类要素，来判断听到的是什么音乐。

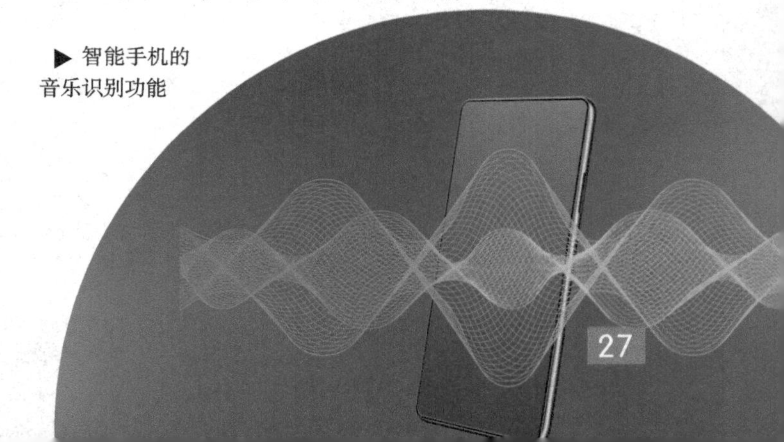

▶ 智能手机的音乐识别功能

发挥群体的智慧

人的行为具有社会性，人们团结合作，能产生更大的智慧。生物界的蚂蚁、蜜蜂也是社会性的动物，它们有自己的组织，过着集体生活。人们把动物的这种群体行为用到人工智能中，就形成了群体智能。

理论提出

人类很早就观察到蚂蚁、蜜蜂的群体行为。20 世纪 60 年代，科学家开始研究人工群体智能算法。1989 年，科学家在细胞机器人的背景下提出“群体智能”的概念。

▲ 车辆智能调配

群体智能的几种算法

蚁群算法

蚁群算法，又叫蚂蚁算法，是用来寻找优化路径的算法。这种算法是意大利的科学家提出的，研究的灵感来自对蚂蚁的观察。他们发现，蚁群无论在什么环境中，都可以找到最短的抵达食物的路径。现在人们用这种技术来研究车辆调配、网络线路等问题。

粒子群算法

粒子群算法，又叫粒子群优化算法，是模仿鸟类觅食行为而发展出来的一种随机搜索算法。这种算法是由美国学者埃伯哈特博士和肯尼迪博士发明的。他们发现，鸟类在觅食的时候，会通过搜索距离食物最近的同伴来定位食物。现在人们用这种技术来研究网络结构之类的问题。

鱼群算法

鱼群算法，又叫人工鱼群算法，是模拟鱼类群聚、觅食、追尾等行为的智能算法。这种算法是由我国知名学者李晓磊博士提出的。他发现，鱼类在单独觅食或尾随同类觅食的时候，它们聚集的地方就是营养物质最丰富的地带。他通过构造人工鱼模型来寻求最优方案。现在人们用这种算法来规划电力系统和物流系统。

实现方式

目前群体智能主要采用的蚁群算法、粒子群算法、鱼群算法,都是通过模拟动物之间的关系,在智能体间传递信号,形成一些特定的受控行为。

技术特点

人工智能的智能体通常都是分散行动的,每一个智能体都能改变环境,独立工作,但是相互之间又有交流,具有组织性。

技术应用

群体智能是新一代人工智能发展的重要方向。未来它将在各个行业中得到广泛应用。例如,群体智能可以应用于智能制造、智能医疗、智能交通等领域,以提高工作效率、提高安全性、降低成本。

人与机器的交流

在人工智能发展到完全不需要人类参与之前，人都得和机器进行交流，这种交流被称为“人机交互”。就像两个不同国家的人交流需要翻译一样，要实现人机交互，人和机器之间就需要一种能互相“听得懂”的语言。

▲ 医院的触摸屏自助挂号机

发展方向

人机交互的发展，经历了从人适应机器，到机器适应人的过程。早期人们需要手动操作，现在通过语音、表情就可以跟机器对话了。

▼ 智能手机可以用面部扫描来解锁

交互原则

人机交互，要始终把人放在第一位，根据人类的需求、文化习惯来设计系统，力求交互安全且高效。

交互界面

交互界面是人和机器交流的通道。为了便于交流，交互界面也在不断优化。现在已经出现了虚拟现实(VR)技术的界面，可以为人们提供更加逼真的沉浸式交互体验。

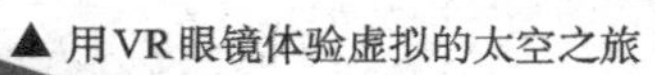

▲ 用VR眼镜体验虚拟的太空之旅

自然人机交互

除了交互界面的发展，科学家最近还在研究自然人机交互的技术，并在情感认知计算、笔(手势)交互技术上取得了一定成果。

自然人机交互

什么是自然人机交互?

自然人机交互是一种新型的人机交互方式，它的核心理念在于无生命的机器对有生命的人的理解。

自然人机交互就是模仿人吗?

自然人机交互不是机器单纯地模仿人，而是它在观察人的行为方式的同时，保持人工智能的灵活性。可以说，自然人机交互的原理来自自然，但高于自然。

自然人机交互“自然”在哪里?

自然人机交互的“自然”在于对人的思维方式的总结，让人们可以直接按照自己的思维习惯与机器交流。

走进虚拟的世界

虚拟现实技术简称VR技术，是一种将现实和虚拟世界相结合的技术。这也是一种常见的人机交互方式，人们能通过设备体验计算机制造的世界，获得十分真实的感受。

发展阶段

▲ 用户在虚拟的空间中探索世界

20 世纪 60 年代以前，人们已经开始研究仿真系统了。1984 年，美国人首次提出了“虚拟现实”的概念。之后，谷歌、索尼、HTC、微软等公司都相继进行了技术开发与运用。

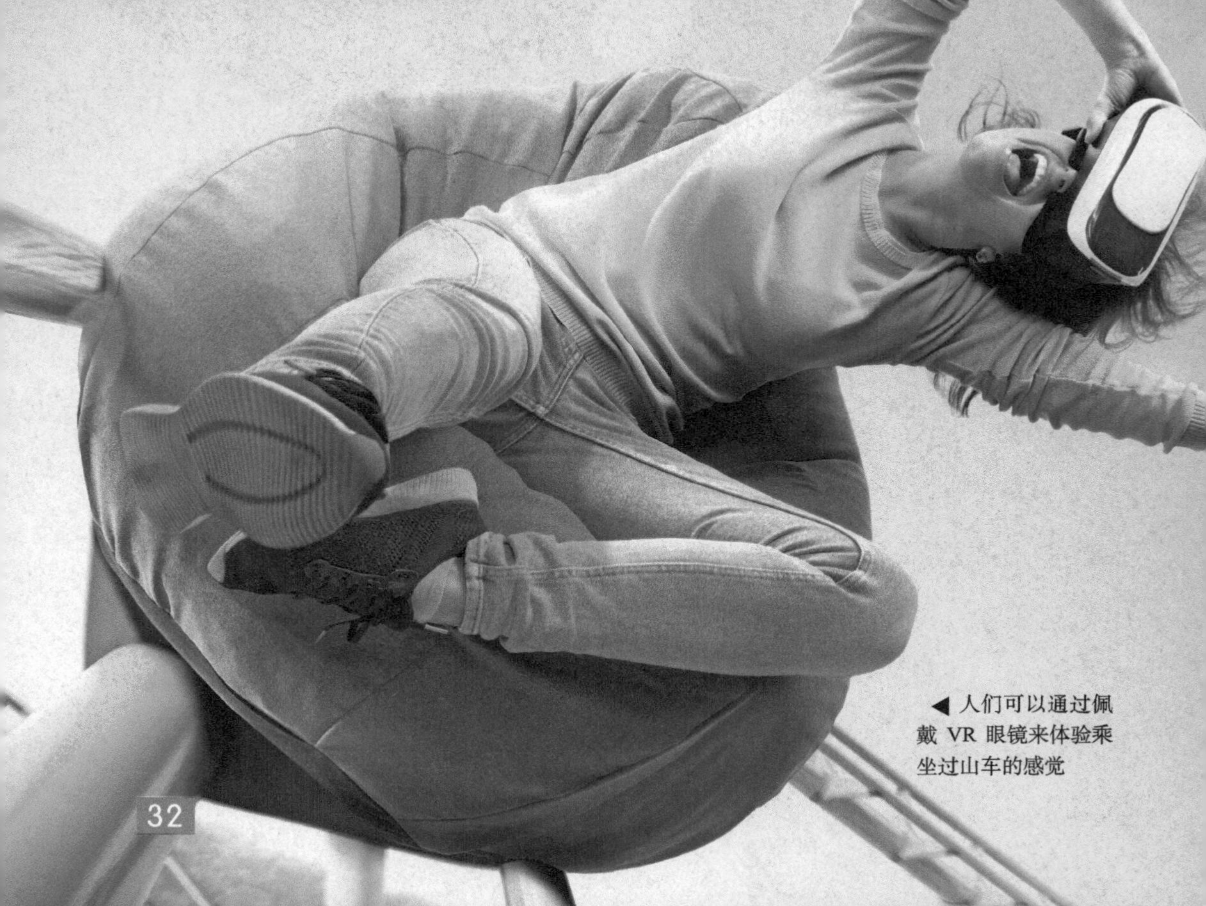

◀ 人们可以通过佩戴 VR 眼镜来体验乘坐过山车的感觉

▶ 科学家戴着 VR 眼镜，通过手势研究细菌基因组

基本特征

虚拟现实技术具有人类的各种感知能力，它对三维空间的模拟让人有身临其境的感觉。虚拟现实技术可以构想一些客观上不存在的环境，让人直接和环境中的事物“交流”。

生活中的 VR 技术

虚拟校园：立体呈现校园场景，人们通过电脑即可“进入”校园参观。

虚拟课堂：用虚拟技术表现一些自然的、物理的场景，使人们可以在模拟场景里学习。

VR 图书：阅读时，人们借助 VR 眼镜，即可进入图书中的立体世界。

VR 游戏：用电脑模拟一个三维空间，人们只要戴上头盔就可以进入虚拟世界。

VR 博物馆：用电脑虚拟博物馆场景，人们可以全方位欣赏文物，并“触摸”文物。

VR 电影：人们可以进入影片，和人物进行互动，甚至可以选择剧情的发展，“掌握”人物的命运。

VR 医学：建立虚拟的人体模型，可以对模型进行手术试验，并观察手术后的效果。

虚拟演习：在军事训练的时候，模拟战争场景，以测试军事策略。

▶ 虚拟课堂

关键技术

要实现虚拟现实，需要应用三维建模技术、立体显示和传感器技术、交互技术、触觉反馈技术和系统集成技术等。

技术应用

目前，虚拟现实技术已经广泛应用在科学、医疗、教育、军事、娱乐等领域。在教育领域，虚拟校园、虚拟培训的技术已经成熟，可以为老师和学生提供更加丰富与便捷的教育资源及学习环境；在娱乐领域，通过虚拟现实技术，玩家可以身临其境地体验游戏场景，提高游戏的沉浸感和娱乐性。

理解人类的语言

机器要实现与人的交流，就要理解人类的语言。而人类的语言是思维方式的体现，特别复杂。因此，要实现机器与人的交流，需要用到一些关键的处理技术。

自然语言处理的发展阶段

自然语言处理经历了三个发展阶段。早期的语言处理通过建立词汇、语法库提供服务，中期的语言处理用了统计的方法，现在的语言处理则采用深度学习技术。

信息抽取

机器理解自然语言，先要对自然语言进行整理，然后从语言中提取出有用信息，最后分析这些信息之间的关系。

▲ 自然语言生成系统把计算机数据转化为自然语言

自动文摘

信息的抽取有一种简易的方式，就是按照一定的规则，对原来的语言进行压缩，在精简语言后，从中提取出重要的信息。

翻译模型

翻译模型可以让机器在不考虑词语位置的前提下，按照词语之间的关系，直接组成句子。

▲ 炒菜机器人和人类交流

▶ 微信是一种常用的即时通讯软件

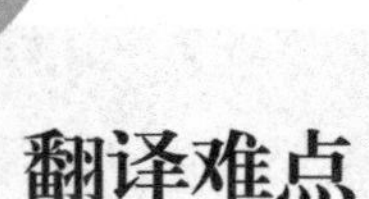

自然语言处理的缺点

理解错误：机器并不能理解人类所有的语言。比如，我们和手机中的智能语音助手聊天时，常常会觉得它答非所问。

翻译不准确：机器翻译经常有语言表达上的问题，不是语言的顺序有问题，就是用词不够准确。

技术局限：很多平台不能对图片里的文字或表情进行翻译。

翻译难点

人类的语言非常丰富。对机器来说，要理解多音词、多义词，判断不同词语之间的关系，理解语言在不同语境里的意思，甚至听懂方言，是一件无比艰难的事。

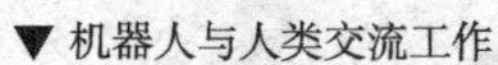

▼ 机器人与人类交流工作

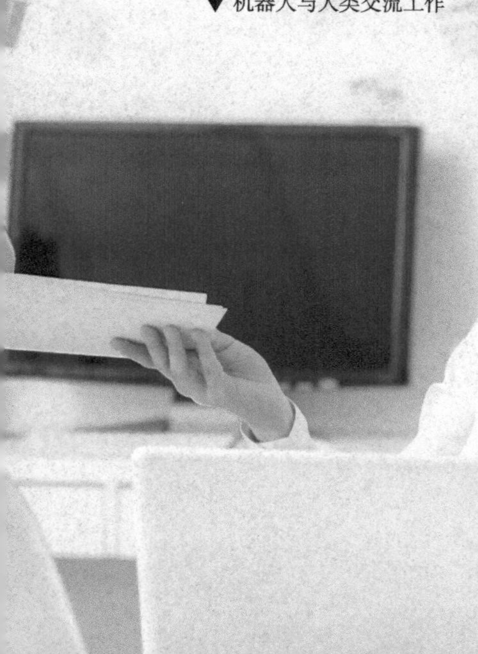

学习知识表达

人们学到知识后，会选择以不同的方法将知识表达出来。随着技术的发展，人工智能也能以不同的方法将人类的知识描述和表示出来。人工智能的知识表示方法有很多，如逻辑表示法、规则表示法、框架表示法、语义网表示法。

逻辑表示法

逻辑表示法是用逻辑公式来描述对象、性质、状况和关系的方法。这种方法很容易被机器理解，但是不能用来表示比较复杂的问题，有其局限性。

规则表示法

规则表示法是一种体现事情发生的条件和结果的表示方法。这种方法可以表示各种知识之间的关系，是一种比较简单的表示方法，目前已被广泛使用。

框架表示法

框架表示法是一种数据结构，表示一些知识的属性。这种方法的原理类似于从人类大脑中保留的经验记忆里调取信息，以对应当下遇到的相似情况。

语义网表示法

语义网表示法是一种表达能力很强的表示法，它通过词语的含义和词语之间的关系来表达相关意思，非常接近人类的语言表达方式。

知识的种类

事实性知识：指具体事实和细节的知识。

结构性知识：指关于概念和概念之间关系的知识。

过程性知识：指如何完成某项任务或如何掌握某项技能的知识。

元知识：指知识的知识，即对知识本身的认知和理解。

学会分析推理

推理是人类一项非常重要的能力。面对各种复杂的现象，人类能够通过一些方法来进行层层推理，抽丝剥茧，从而得出正确的结论。现在，人们把这项能力赋予了人工智能。

推理机的三种推理法

正向推理：由原始数据推导出结论，是一种基于事实的推理方法。

反向推理：根据假设的结论反向寻找证据，是一种从假设出发的推理方法。

混合推理：是正向推理和反向推理相结合的推理方法。推理的时候，先根据基础的数据提出结论的假设，再根据假设寻找证据。

推理机

人工智能的推理是一组程序，可以通过一定的策略来解决问题。这种策略包括正向推理、反向推理和混合推理。

▼ 人工智能的分析推理想象图

▲ 人工智能程序代码

模糊推理

人类的思维过程并不是完全清晰的，在不精确的过程中可能得出不精确的答案。人工智能的模糊推理完全领会了人类的这种思维方式。

跨领域推理

人类的跨领域联想能力是很强的，常常能从一些无关紧要的小细节，推断出令人意想不到的结论。目前的人工智能还很难做到这一点，但技术人员正在努力开发，希望能突破这个难题。

案例推理

人类在解决问题的时候，往往喜欢从已经成功的经验里找答案。案例推理就是一种从过往的相似案例里寻找答案的推理方法。

大数据技术

想要作出精准的判断，继而进行决策，就需要足够可供分析的信息，而海量信息的提供离不开大数据技术的支持。今天，大数据已经渗透到人类生活的方方面面，可以说掀起了一场新的技术革命。

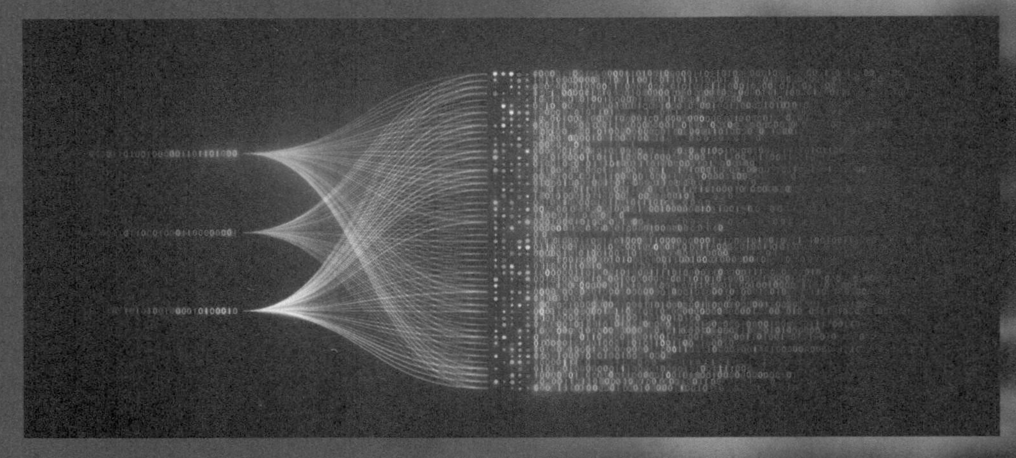

▲ 大数据的数据流

概念提出

2008 年，维克托·迈尔-舍恩伯格和肯尼斯·库克耶在《大数据时代》这本书里前瞻性地提出了“大数据”的概念。他们认为大数据带来的信息风暴会改变人类的生活、工作和思维方式。

技术特点

IBM 公司曾提出，大数据技术具有 5V 特点，就是 Volume（大量）、Velocity（高速）、Variety（多样）、Value（低价值密度）、Veracity（真实性）。

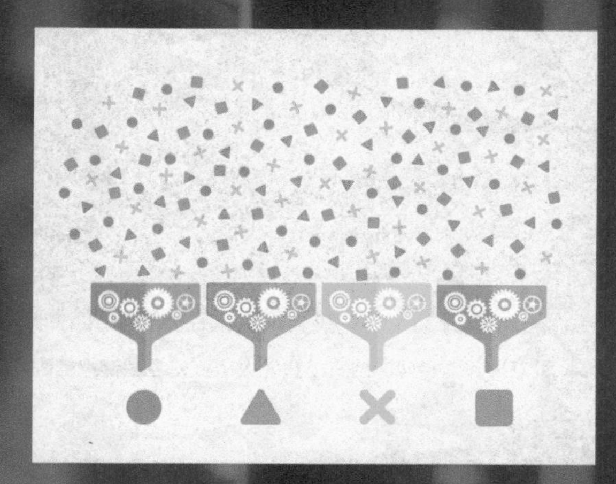

▲ 大数据过滤的过程，数据流就像进入了带齿轮的过滤器，通过信息分离、分析和分类，再被分装到特定的数据库里

应用领域

今天的大数据技术已经渗透到了医疗卫生、商业分析、国家安全、食品安全、金融安全等领域。

发展趋势

数据已经成为各个行业争夺的重要资源。未来，大数据还将和云计算等技术深度结合，并在数据安全方面实现技术突破。

▶ 云计算想象图

云计算

什么是云计算？

云计算是一种提供资源的网络技术。“云”就是一种可以无限拓展的网络。人们通过云计算，就可以存储和分析数据，并且获得无限的资源。

云计算的优势有哪些？

1.突破了时间、空间的界限；

2.运算速度快，运算能力可以扩展；

3.能根据需求快速匹配资源，灵活程度高。

云计算的应用领域有哪些？

云计算已经广泛用于网络、邮箱和搜索引擎中，现在常用的有存储云、医疗云、金融云、教育云，比如百度云、预约挂号、电子档案、阿里金融、慕课(MOOC)等。

▲ 可以回答复杂问题的人工智能大语言模型的模拟代码

大语言模型

大语言模型是通过深度学习训练出来的、可以理解和生成自然语言的巨大计算机程序。该模型就像一个会说话的机器人，你可以和它用人类语言进行交流。它之所以可以与人交流，是因为它已经从海量的数据中学习到了人类语言的特点和规律。

ChatGPT

ChatGPT 是由 OpenAI 团队开发的一款基于大语言模型的人机对话工具。它可以自然地理解和生成人类语言，从而实现与人类交互的功能，如对话、文本生成、翻译等。

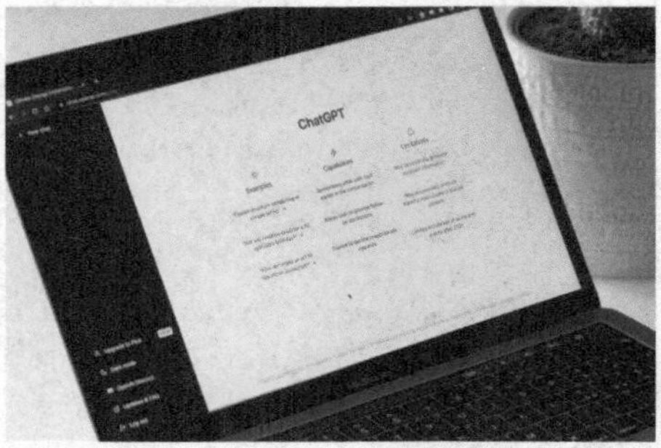

▲ ChatGPT 网页

▲ Claude、ChatGPT 的图标

Claude

Claude 是 Anthropic 公司开发的类似对话模型，也可以进行自然语言理解和生成。它具备强大的对话和文本处理能力，可以生成各种主题的文本，如新闻报道、散文、代码注释等。

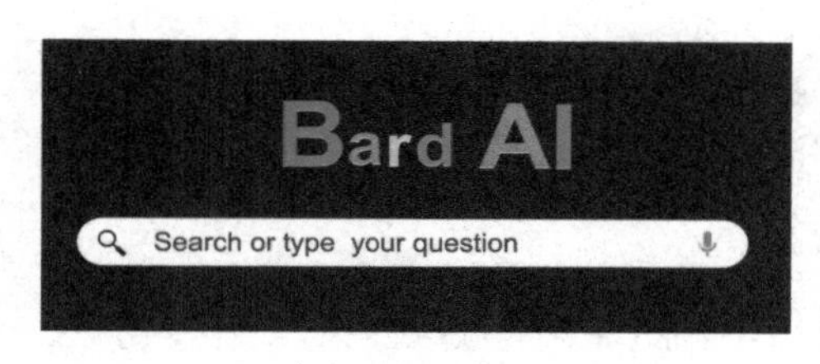

▲ Bard 网站首页

Bard

Bard 是 Google AI 的一个大型语言模型，它能翻译语言、编写文本，能全面回答用户的问题，甚至可以生成不同的创意文本格式，如诗歌。

通义千问

通义千问是阿里巴巴达摩院自主研发的一个超大规模的语言模型，也能回答问题、创作文字，还能表达观点、撰写代码。

▲ 通义千问网站首页

文心一言

文心一言是百度打造出来的人工智能大语言模型，具备跨模态、跨语言的深度语义理解与生成能力。它有五大能力，即文学创作、商业文案创作、数理逻辑推算、中文理解、多模态生成，能为人类在搜索、问答、内容创作生成、智能办公等方面提供较好的服务。

▲ 文心一言网站首页

计算机看图描述

计算机看图描述是一种使计算机自动分析图像内容并生成文字描述的技术，非常具有挑战性。通俗地讲，计算机看图描述类似于人类早期儿童教育中的看图识物。

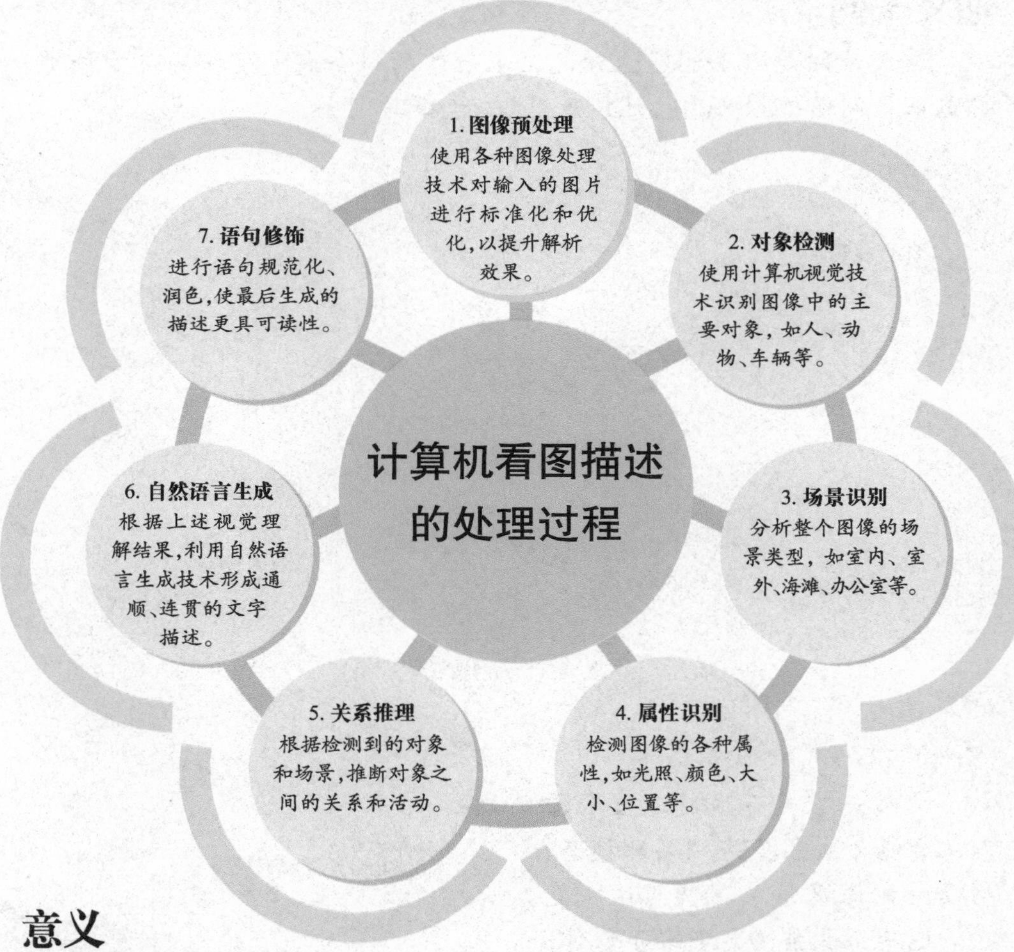

计算机看图描述的处理过程

1. 图像预处理
使用各种图像处理技术对输入的图片进行标准化和优化，以提升解析效果。

2. 对象检测
使用计算机视觉技术识别图像中的主要对象，如人、动物、车辆等。

3. 场景识别
分析整个图像的场景类型，如室内、室外、海滩、办公室等。

4. 属性识别
检测图像的各种属性，如光照、颜色、大小、位置等。

5. 关系推理
根据检测到的对象和场景，推断对象之间的关系和活动。

6. 自然语言生成
根据上述视觉理解结果，利用自然语言生成技术形成通顺、连贯的文字描述。

7. 语句修饰
进行语句规范化、润色，使最后生成的描述更具可读性。

意义

通过自动看图描述，计算机可以以某种程度理解图像内容，并用语言的方式表达出来。这种技术可以应用到图像索引、视觉辅助系统等方面。随着计算机视觉和自然语言处理技术的发展，看图描述的效果还将持续改进。

目前比较有代表性的看图描述网站

Cloud Vision API：谷歌提供的计算机视觉云服务，可以对图像进行标签、物体和场景识别，并生成文本描述。

Microsoft Cognitive Services - Computer Vision API：微软提供的计算机视觉云服务，同样提供图像内容分析和文字描述生成功能。

Amazon Rekognition：亚马逊推出的深度学习视觉云服务，也包含图像描述功能。

OpenCV：一个开源的计算机视觉库，提供了丰富的图像处理和计算机视觉方面的通用算法。

计算机对图的描述

某网站将上面这幅图描述为：

"这幅图描绘了一幅史前场景。两只大型恐龙站在郁郁葱葱的绿色田野中，其中一只是霸王龙，另一只恐龙体型较小，似乎是三角龙。这幅图捕捉了史前时代的精髓，恐龙在陆地和周围环境中漫游。在背景中，有几只鸟散布在整个场景中，增添了史前气氛。这幅图是古代世界这些不同物种共存的美丽表现。"

我们能看到，计算机的描述还是有一些偏差的。比如，这幅图中没有三角龙，那个年代也没有鸟。但上述文字描述整体上还是很有气氛的。

AI写作

AI之所以可以写文章，是因为它通过学习积累了很多知识和经验，就像一个孩子，从小学习中文，认识了许多汉字，知道了词语的含义。

随着AI技术的不断进步，AI的知识越来越丰富，就像一个语言和写作方面的“高手”，可以组织语言素材，撰写出通顺流畅的文章。

▲ AI写作改变了人类写作的方式

与AI沟通

用户：通义千问，请问人工智能可以代替人类工作吗？

通义千问：人工智能已经在许多领域取得很大进展，并且可以在一定程度上代替人类的工作，但目前人工智能仍然存在一些限制，例如在处理复杂的问题和情境变化时仍然存在困难。因此，人工智能无法完全取代人类的工作，而更可能与人类协同工作，帮助人类更高效地完成任务。

基于规则的写作

AI终究只是按照规则生搬硬套，它不会真正理解文章的内容和意义，也没有人类作者那样独特的思想和创造力。因此，它写的只是形式上的文章，真正有深度的作品还需要人类创作。

西安的夜晚（AI创作）

夜幕降临钟声响，古城西安夜色浓。
灯火辉煌照城垣，城墙上漫步成风。
鼓楼钟声惹人忆，回民街巷醉游踪。
历史文化交相辉，夜色西安美如画。

AI 写作的的步骤

1.数据收集和准备

AI 写作需要大量的文本数据作为训练材料。这些数据来自互联网、书籍等信息载体。数据需要进行清洗、标记和预处理，以便用于模型的训练。

2.模型训练

AI写作使用深度学习模型，如循环神经网络(RNN)或变种。这些模型通过在大规模文本数据上进行训练，学习语言的模式、结构和语义。

3.文本生成

生成的文本可能需要进行后处理和优化，包括语法纠错、逻辑检查、风格调整等步骤，以提高质量和准确性。还可以通过反馈机制和迭代训练来改进模型的性能和生成结果。

4.优化和改进

一旦模型训练完成，便可用于生成文本。输入一段文本或一个问题，模型会根据学习到的知识和模式生成相应的文本或回答。生成的文本可能是基于预测概率的输出，模型会选择最有可能的词语或短语，以提高文章的可读性和质量。

▼ AI可以辅助人类写作

AI 绘画

人工智能可以自动生成图片和绘画。它通过学习大量绘画作品，掌握绘画的技法、风格等信息，随后就可以模仿这些绘画技法，自动创作出新的图像了。它可以画出看起来很逼真的人像，也可以模仿创作名家的风景画或静物画。

▲ AI 绘画图标

▲ 电脑上的 Midjourney 页面

Midjourney

Midjourney 是一个基于人工智能的图像生成系统。用户进行文字描述后，Midjourney 即可随之自动生成相应的图像。

Midjourney的核心技术是基于深度学习的图像生成算法，可以分析描述的语言，并将其转换成视觉图像。

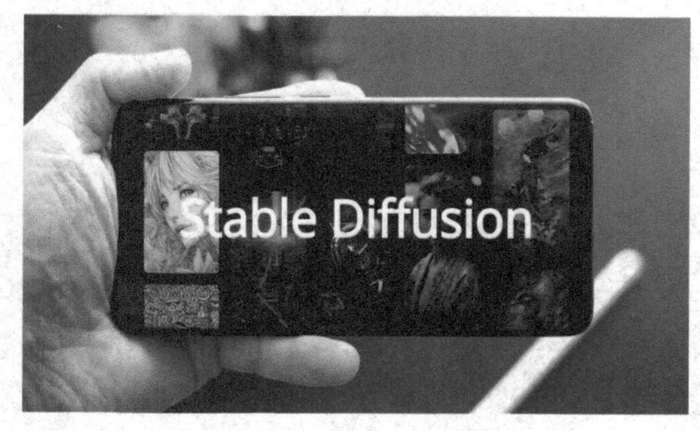

▲ 手机上的 Stable Diffusion 页面

Stable Diffusion

Stable Diffusion 是一个基于深度学习的图像生成模型，可以根据文本描述自动生成图片。它可以根据语言描述生成人像、动物、风景等各类图像，是当前最先进的文本到图像生成模型之一。

Stable Diffusion 的优缺点

优点：

1.生成质量好，分辨率高；
2.对文本描述可控制性强，语言与图像高度相关；
3.训练稳定，易于调参控制生成效果。

缺点：

1.计算量巨大；
2.对输入图像的尺寸有严格要求；
3.对一些特殊的图像，处理效果不理想。

DALL-E

DALL-E 是 OpenAI 公司开发的一个文本到图像生成模型。它能够根据自然语言描述生成图像。

▲ 电脑上的DALL-E 页面

工作原理

AI 绘画的工作原理是让模型收集大量图像和文字描述进行训练，学习两者之间的关系；通过大规模的无监督预训练，让模型学习提取图片的语义信息；在此基础上进行细化训练，可以根据语言描述生成相应的图像；生成过程中加入噪声作为随机因素，避免每次结果都完全一样。

AI 语音合成

AI 语音合成是指用人工智能技术将文字转化为自然语音。就像我们可以用嘴巴说话一样，机器也可以合成语音，读出我们输入的文字。要实现这个功能，科学家要先收集人说话的大量语音数据，让机器学习人类说话的方式和语调。

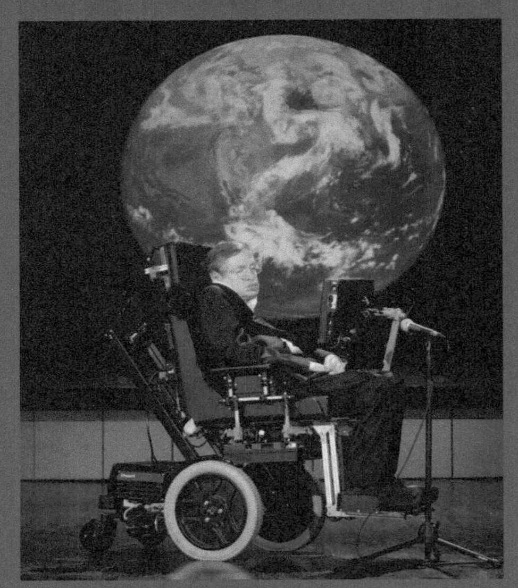

▲ 霍金使用电脑上的语音合成技术进行交流

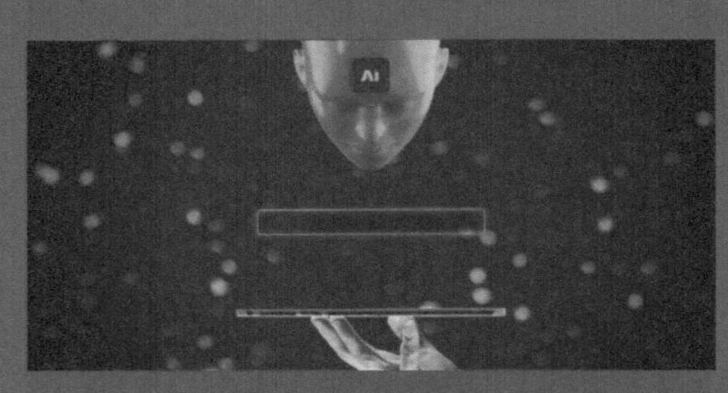

▲ AI 语音合成想象图

一些合成 AI 语音的网站平台

Replica Studios：一个基于深度学习的语音合成平台，可以学习并克隆某个人的声音。

Lyrebird：通过学习少量音频样本就可以复制一个人的声音及语调，支持多种语言。

Uberduck：一个在线语音合成网站，用户可通过输入文本来生成多种虚拟形象的语音。

Voicery：提供了应用程序接口（API），可以自定义并生成多种语音效果，并集成到应用程序中。

Speech Morphing：可以将一段音频中的语音转换为另一个人的声音。

Descript：可以编辑、调整生成语音的语调、速度等参数，输出自然语音。

AWS Polly：亚马逊的语音合成服务，支持多种语言及方言。

机器学习说话

机器就像一个勤奋的学生，听完很多人讲话的录音，然后从中找出语音的规律。

当我们输入一段文字时，机器就可以根据学习到的知识，把这些文字合成语音。

这样合成的语音就好像是真人在讲话一样。但是机器合成的语音跟人的声音还不一样，它还需要继续学习，才能合成更逼真的语音。虽然机器的语音不如人声自然，但已经可以应用在很多行业了。

语音合成技术的益处

提高交互效率，节省时间；提供个性化体验，丰富交互方式；拓宽创作空间；简单易用，降低使用门槛；扩展残障人士获取信息的途径。

语音合成存在的弊端

合成效果不够自然；缺乏情感表达；存在误用风险，被非法使用；语音数据可能含有用户隐私，使用中存在安全隐患；削弱了相关行业对真人语音工作的需求。

▶ 手机上的AI语音合成

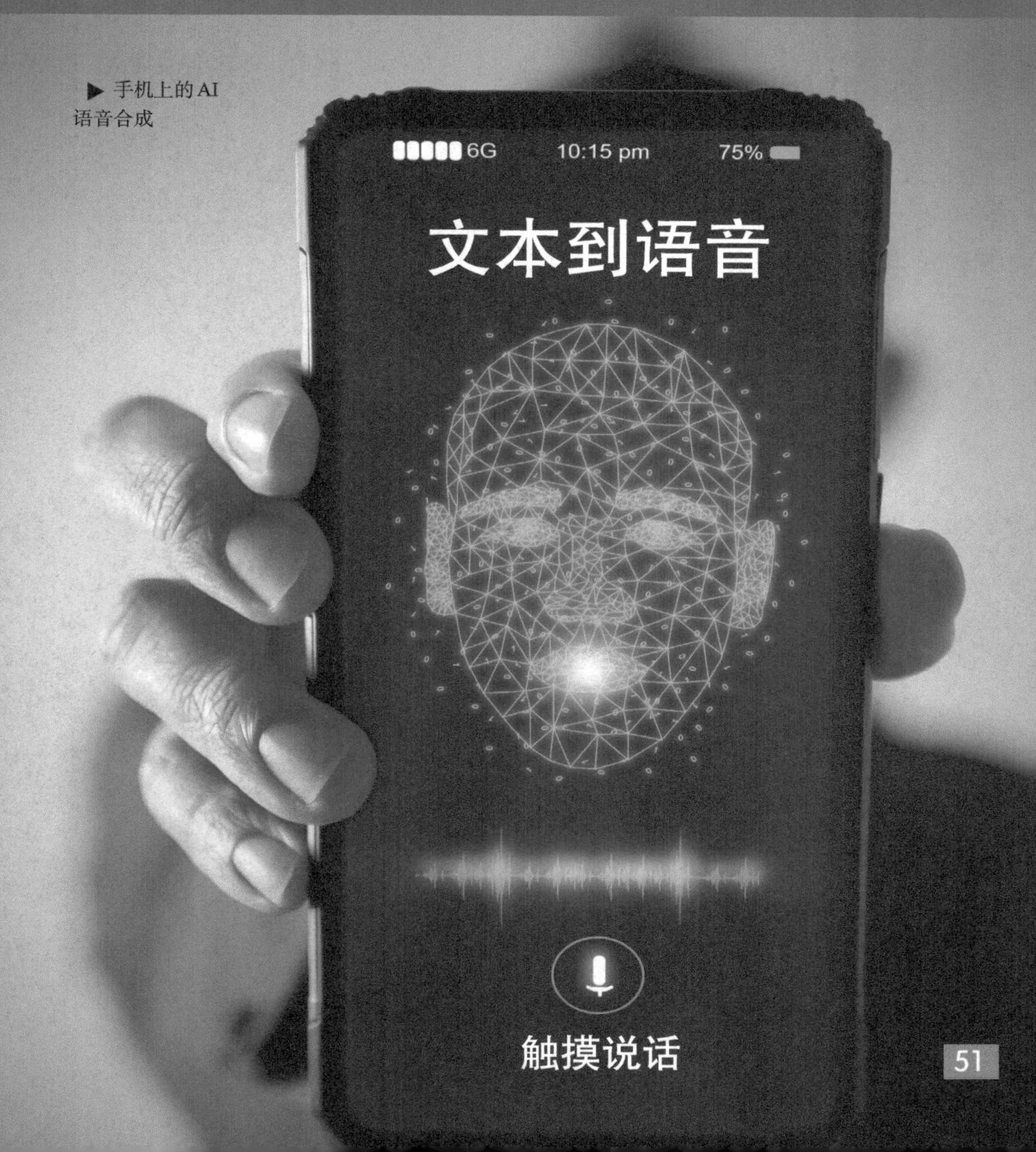

身边的人工智能

人工智能可以通过学习与推理来处理和解决多种任务，为人们的生活提供便利。例如，语音助手可以回答问题、提供信息、执行任务；智能推荐系统可以根据我们的兴趣和喜好推荐电影、音乐和商品。

在基础岗位取代人

随着人工智能技术的发展，科学家推断，人工智能将在一些基础的岗位上抢人类的“饭碗”。比如，会计、客服这样的岗位，就有可能被人工智能取代。

▶ 现代化仓库中的机械臂、无人机和机器人运输车

▼ 交通执法机器人

用程序帮助人

一些行业专业性很强，对专家的依赖很大。人工智能技术发展后，可以有效提高这些行业相关工作的效率。比如，通过分析大量医疗数据，人工智能可以辅助医生为病人提供更准确、更快速的诊断和医疗服务。

▶ 智能语音助手

▼ 扫地机器人

提升生活质量

人工智能在生活领域的应用，不仅帮助人类解决了生活中的很多问题，还提升了生活质量。比如，智能家居系统提高了家居生活的便捷性和舒适度。

不能解决所有问题

即便人工智能有强大的功能，依然无法解决所有的问题。人工智能技术有很多局限性，例如，它无法像人类一样进行思考，不具备人类的智慧和理解能力。

▼ 可以测量体温的热扫描仪

人工智能的产业

随着人工智能技术的进步，相关产业也在不断发展。美国的苹果、谷歌、微软等公司抢占了技术先机，中国奋起直追，已经进入技术领先国家的行列。

▲ 位于深圳的腾讯总部大厦

全球布局

美国的人工智能产业从 1991 年就开始萌芽，而中国是从 1996 年起步的。目前，全球的人工智能产业都进入了快速发展期，有超过几千家人工智能企业，分布于多个国家。

产业分布

人工智能产业分为基础层、技术层、应用层三个层面。基础层主要有处理器、芯片技术；技术层主要包括自然语言处理、计算机视觉与图像技术等；应用层有智能无人机、智能机器人等。

一些大型公司的人工智能产业布局

谷歌：谷歌无人车、谷歌搜索、谷歌云等。

亚马逊：智能音箱、语音助手、智能超市、无人机等。

Facebook：聊天机器人、人工智能管家、智能照片管理、人脸识别等。

微软：即时翻译、小冰聊天机器人、虚拟助理、智能摄像头、微软认知服务等。

苹果：Siri、iOS 照片管理系统等。

腾讯：微信、新闻写作机器人、围棋 AI 产品“绝艺”、天天 P 图、搜索引擎“云搜”、腾讯云等。

百度：百度识图、百度无人机、语音助理“小度”等。

阿里巴巴：天猫精灵、智能客服“阿里小蜜”、城市大脑等。

▲ 手机上的微信图标

◀ 位于北京的百度公司总部

人才建设

很多国家都重视人工智能相关人才的建设。美国特别重视基础研究，并且已经形成完整的人才培养链条；中国主要是政府、高校、科研机构和企业共同参与，四者合力形成了人才培养途径。

▲ 位于美国加州的谷歌公司新总部

一些大型公司建立的 AI 实验室

谷歌：AI 实验室，用于谷歌 AI 产品开发。

微软：微软研究院，用于语音识别、自然语言处理等技术开发。

Facebook：人工智能研究实验室，用于图像识别、语义识别等技术开发；机器学习实验室，用于现有的人工智能产品开发。

百度：深度学习实验室，用于深度学习、机器学习、人机交互技术开发，以及百度识图、百度无人车等产品开发。

阿里巴巴：人工智能实验室，用于消费级人工智能产品研发。

腾讯：人工智能实验室，用于机器学习、计算机视觉、语音识别、自然语言处理的基础研究；优图实验室，用于图像处理、模式识别、机器学习等技术开发；腾讯西雅图 AI 实验室，用于语音识别、自然语义处理等基础研究。

中美优势

在人工智能产业开发方面，美国的主要优势在机器学习、语言处理领域，中国的优势在智能机器人领域。

▼ 位于杭州的阿里巴巴中心滨江园区

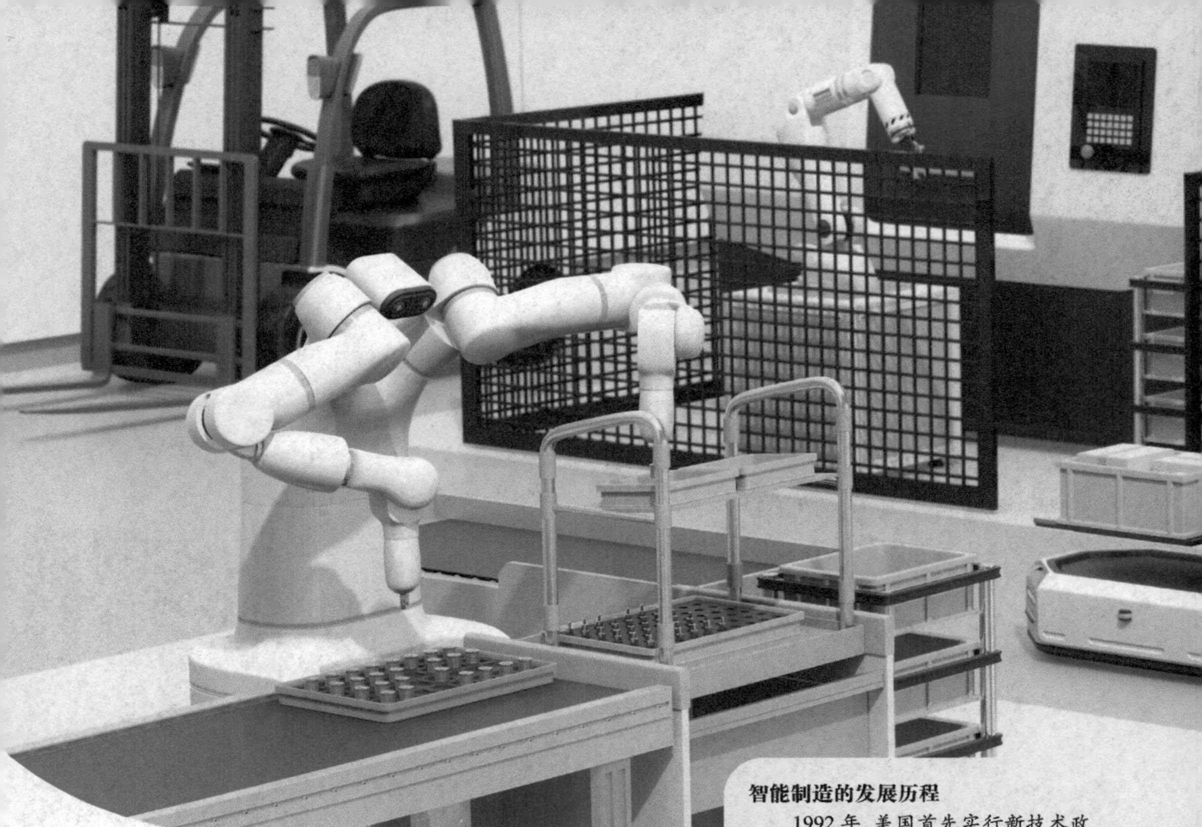

智能制造

智能制造是一种由智能机器和人类专家组成的人机一体化智能系统，是人工智能技术的一大应用领域。该系统利用计算机模拟人类的思维，取代人的部分脑力劳动，进行生产管理。

智能制造的发展历程

1992 年，美国首先实行新技术政策，希望改造传统工业，启动新产业。

1994 年，加拿大提出战略计划，开始发展和应用人工智能系统。

1989 年，日本提出了智能制造系统，并于 1994 年启动国际合作。

1994 年，欧盟启动的信息技术项目中，人工智能被放在重要位置。

1996 年，中国第一个人工智能企业诞生。

……

如今，美国和中国在人工智能技术领域不断竞争，共同推动技术的发展和产业的进步。

人机一体化

人机一体化是智能制造的重要特征。这是一种混合的智能，既有人类的智慧，也有机器的智能，两者互相协作。但是在整个流程中，人始终处于核心地位。

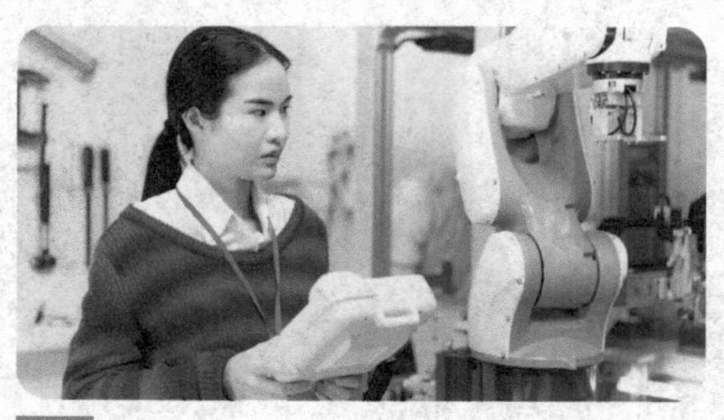

◀ 人机一体化

虚拟现实

虚拟现实技术为智能制造提供支持。它能虚拟展示现实生活中的各种物体、各类场景，能为机器提供智能界面。

▲ 机器人自主组装电机线

自律能力

智能制造系统能理解环境信息，分析判断和规划自身行为，还能相互协调运作和竞争，像人一样"自律"。

▼ 工业机器人给汽车喷漆

▶ 汽车制造厂的工业机器人装配线

自组织性

智能制造系统具有类似人的群体智能，能够根据工作需要，自行组成一种最有效的结构，这种结构还能自行调整，很有"组织性"。

智能 3D 打印

利用 3D 打印技术，我们能打印出日常生活中所使用的衣服、口罩等物品，是不是很神奇？目前，这种技术已经应用在制造业中。当人工智能和 3D 打印技术结合后，机器中的传感器就能自己筛选材料，并制造物品。

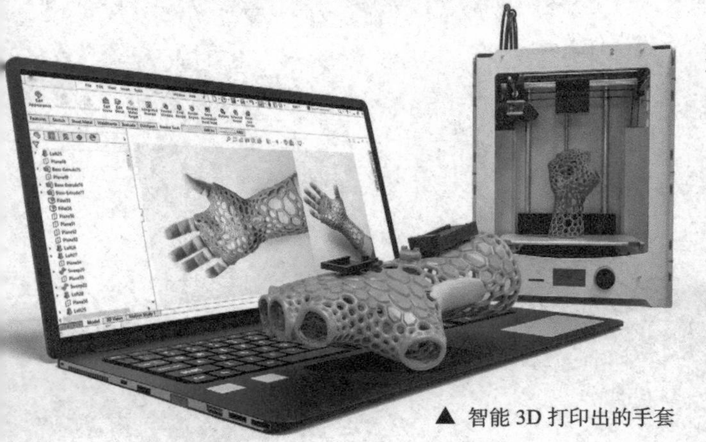
▲ 智能 3D 打印出的手套

智能筛选 3D 打印材料

美国卡内基梅隆大学工程学院的研究人员开发了一种机器视觉技术，用来鉴别打印材料。该技术能区分不同种类的 3D 打印金属粉末，寻找合适的材料。

3D 打印艺术品

丹麦哥本哈根IT大学和美国怀俄明大学的科学家们开发了一种能创作 3D 艺术品的人工智能软件。科学家们采用深度学习技术来创建 3D模型，打印出了美丽的三维艺术品。

▼ 智能 3D 打印出的犀牛艺术品
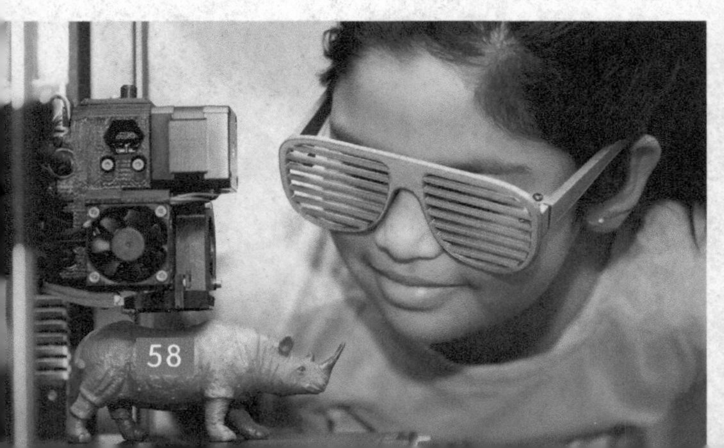

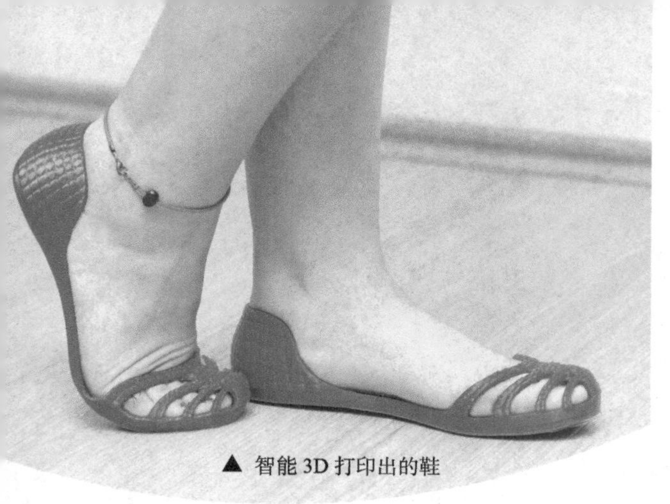

▲ 智能 3D 打印出的鞋

3D 人体建模

美国布朗大学的迈克尔·布莱克教授创立了 Body Labs 公司，该公司利用 3D 可视化技术进行人体建模，并将计算机中的人体三维建模通过 3D 打印技术呈现出来，用来帮助警察找到犯罪嫌疑人。

3D 打印建筑

AI Build 公司研发过一个长“眼睛”的人工智能 3D 打印机器人，它能够自己选择打印材料，监测打印过程，及时纠正错误，曾经用 15 天就打印出了一个长宽各 5 米、高 4.5 米的建筑。

3D 打印技术的发展

突破材料限制：未来的 3D 打印将能够适应更多、更复杂的材料。

打印动态物体：目前打印动态物体的技术还不成熟，打印的物体也不够准确清晰，但未来将实现技术突破。

法律制度规范：未来需出台法律法规，保护知识产权，维护道德底线。

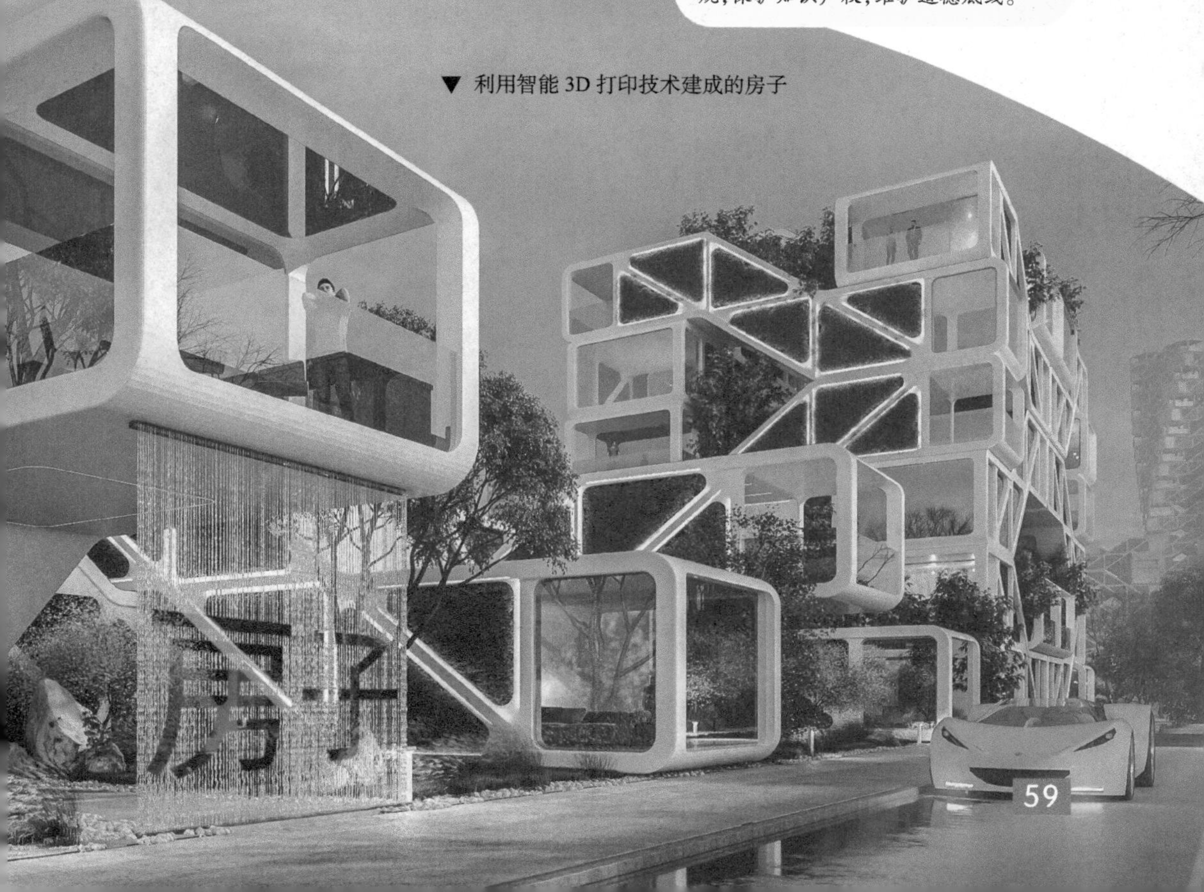

▼ 利用智能 3D 打印技术建成的房子

智能服务

智能服务指人工智能、大数据等技术对社会各个领域的服务，包括电信服务、政府服务及智能硬件和其他领域的服务。智能服务能自动识别用户的需求，为用户提供精准、高效的智能化服务。

智能服务的特点

按需服务：捕捉用户的信息，分析用户的习惯、喜好，提供精准的服务。

主动服务：不需要用户发出指令，到时间就会自动为用户服务。

安全服务：对用户提供私人服务，保护用户的私人信息。

节能服务：在个性化服务的同时，降低人工成本，创造社会价值。

电信服务

▲电信的自动语音服务为人们提供了便利

电信领域应用智能服务后，能够进行自动语音服务，统一对话管理，自动分析语音的内容，还能模仿客服进行用户回访，减轻了人工客服的压力，提高了服务效率。

政府服务

政府服务内容多，实地服务流程复杂，智能服务能提前了解用户的需求，进行智能引导，还能追踪办事的结果，更重要的是反应速度快，能及时处理一些突发情况。

▶ 扫描二维码使用共享单车

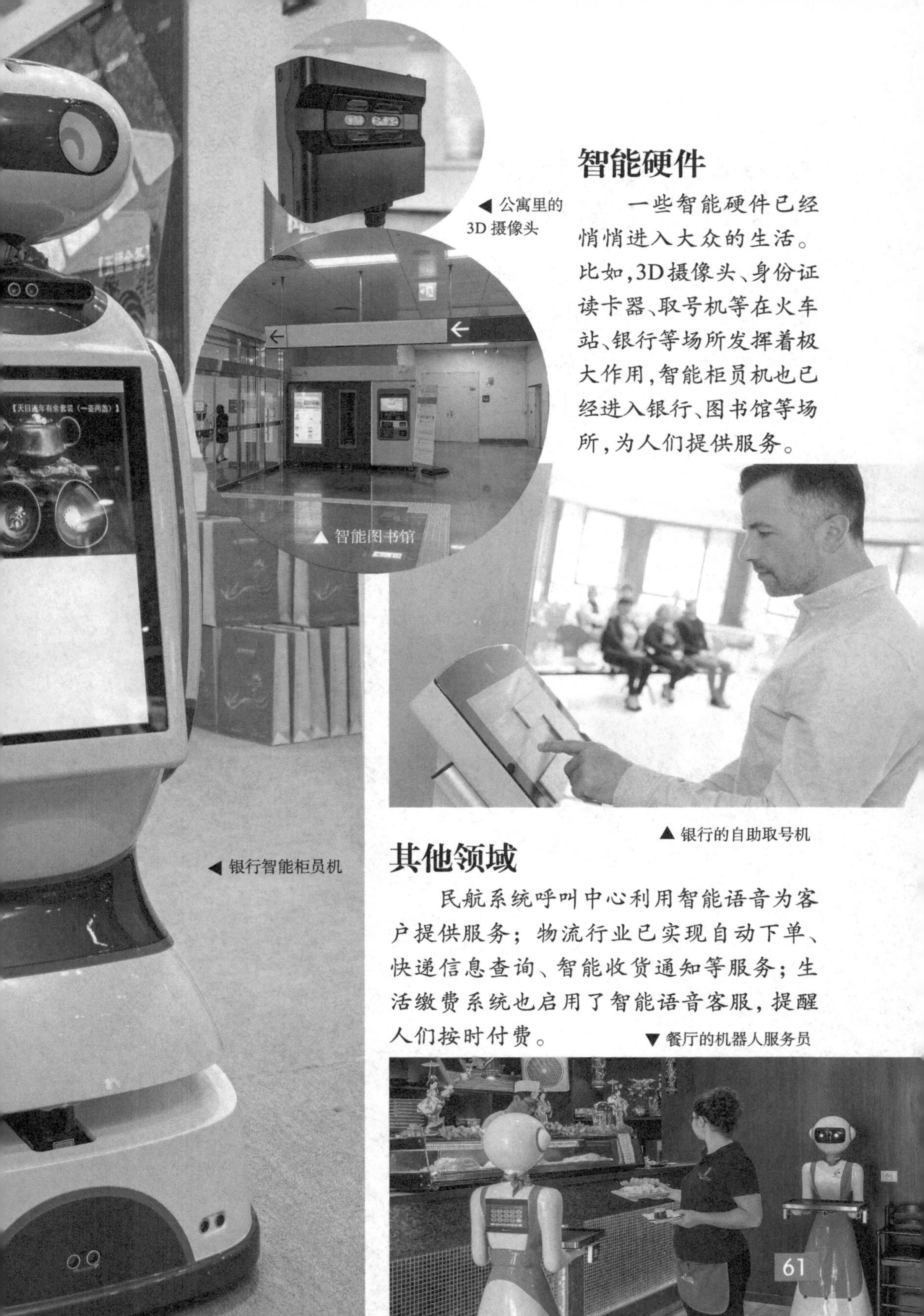

◀ 公寓里的3D摄像头

▲ 智能图书馆

◀ 银行智能柜员机

▲ 银行的自助取号机

▼ 餐厅的机器人服务员

智能硬件

一些智能硬件已经悄悄进入大众的生活。比如，3D摄像头、身份证读卡器、取号机等在火车站、银行等场所发挥着极大作用，智能柜员机也已经进入银行、图书馆等场所，为人们提供服务。

其他领域

民航系统呼叫中心利用智能语音为客户提供服务；物流行业已实现自动下单、快递信息查询、智能收货通知等服务；生活缴费系统也启用了智能语音客服，提醒人们按时付费。

智能客服

在现代社会,客服工作越来越重要。随着技术的发展,智能客服兴起了。智能客服就是人工智能技术在客服领域的运用,能够提高服务效率,并帮助客户管理信息等。

京东JIMI

京东JIMI是京东自主研发的智能客服系统,它具有自然语言处理、机器学习等功能,能为用户提供全天候服务,包括售前咨询和售后服务,是用户的购物伴侣。京东JIMI除了卖东西,还能跟用户聊天,给用户讲笑话,已经越来越智能化。

智能技术

智能客服是在大规模知识处理技术的基础上发展起来的,包含自然语言理解技术、知识管理技术、自动问答系统、推理技术等多种技术。

▶ 某网站上的智能客服

您好！
您好，我能帮助您吗？
我在找些东西……

▲ 直播卖货平台上与顾客交谈的智能客服

服务流程

不管是在计算机网页还是在手机 App 上，智能客服都有相似的服务流程。用户有没有登录，看到的客服页面是不一样的。智能客服会一直在线，直到用户自己关掉页面。

核心功能

一般的智能客服都能提供文字、语音、表情等服务，购物类的客服还能进行产品链接分享、语义识别等交流。

常见客服

智能客服已不知不觉进入我们的生活，常见的有百度客服、京东客服、网易客服、阿里小蜜等。

▶ 手机上的智能客服

智能语音助手

智能语音助手是人工智能的一种应用系统，能通过对话和及时问答帮助我们解决问题。最早的智能语音助手是苹果手机的 Siri，现在其他智能系统也推出了自己的语音助手。

▲ 向 Siri 发布指令

Siri

Siri是苹果公司在iPhone、iPad 等产品上使用的一款语音助手。它“听得懂”世界多国语言，能为人们查天气、查时间，安排日程，规划路线，播放音乐，还能当苹果电视的遥控器使用。

小爱同学

小爱同学是小米公司制作的一款智能语音助手。它搭载在小米手机、小米AI音箱等多种小米产品中，可以在家居、娱乐、办公、出行、学习等方面提供服务。

▼ 和小爱同学聊天

▲ 智能语音助手给人们的生活增添了乐趣

未来的语音助手

未来的语音助手，将打通家居、教育、出行、餐饮、娱乐等多个行业，在更多领域实现合作，并可能针对不同的行业研发不同的有趣产品。

▲ 小度人工智能音箱

小度

小度是百度旗下的智能语音助手。它搭载在小度智能音箱、小度智能屏、小度电视伴侣等多种产品中，可以为人们提供娱乐、信息查询、出行路线安排等多种服务。

天猫精灵

天猫精灵是阿里巴巴旗下的智能语音助手。它能够提供娱乐、购物、信息查询等生活服务。天猫精灵不断升级，并通过新开发的天猫精灵App更新“精灵家”功能，为人们提供生活全场景智能服务。

智能金融

智能金融是人工智能与金融系统的结合。智能金融可以提升金融系统的服务效率和服务品质。如今，智能金融已在中国、美国等国家投入使用。

▶ 扫码支付

智能金融的应用

智能支付：我们日常使用的人脸支付、扫码支付、指纹支付都是便捷高效的智能支付方式。

智能开户：我们不用去现场开户，只要通过人脸、银行卡、身份证识别，就能直接开户。

智能保险：我们现在买保险，直接通过相关程序，就可以进行身份验证，查询保单。

智能理赔：中国平安、蚂蚁金服都开设了智能理赔服务，通过图像识别进行快速核验，可以缩短理赔周期。

智能获客

智能获客，除了依靠人工智能，还需要大数据技术。它通过数据分析，描绘出理想客户可能的年龄、职业等，能有目标地寻找客户。

▲ 网上银行

▶ ATM 机人脸识别

身份识别

身份识别技术在银行系统已经得到广泛应用，它通过指纹、声音、人脸等信息对用户的身份进行验证，以保证银行系统的安全。

▶ 手机银行扫描人脸进行身份识别

风险控制

金融行业存在一些风险，这些风险来自社会经济形势的动态变化，以及与其有经济关系的人的变化。智能金融通过大数据和算法,为人们控制金融风险,避免财产损失。

▲ 智能金融的数据分析图表,为人们进行风险控制

▲ 手机银行的智能投顾

智能投顾

智能投顾即智能投资顾问,它通过算法管理客户的资产,优化资产的结构,并给客户提供投资建议。这是一种综合性的、智能的财务管理,在美国、中国及欧洲一些国家都已经投入使用。

智能身份识别

智能身份识别，是从用密码识别的普通识别技术发展而来的。它根据保密的原理，发掘指纹、声音、人脸、DNA 等个人生理特征，制作识别系统，具有更高的安全性。

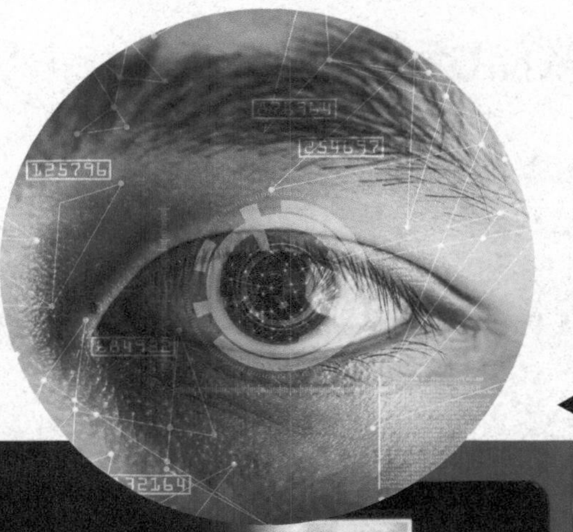

◀ 虹膜识别

发展历程

早在古代，中国人、埃及人就通过人体特征来判断身份了。现代身份识别技术最先在美国研发，中国最先发展的是指纹识别技术。如今，人脸识别、虹膜识别技术也逐渐普及。

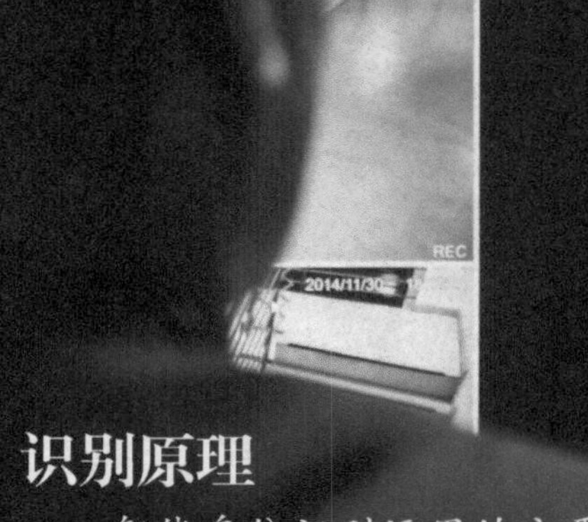

识别原理

智能身份识别运用的主要是生物识别技术，指将计算机、生物传感器和生物统计学原理相结合，利用每个人独有的一些生理特征，来识别人的身份。

身份识别技术

指纹识别：指纹是人手指皮肤上形成的纹路，这种纹路是独特且不变的，可用来识别身份。

手掌几何学识别：人的手掌和手指构成的形状是天生且独一无二的，可以用来识别身份。

声音识别：每个人的声音都有自己的特点，可以用来识别，但声音容易伪装，因此应用不多。

视网膜识别：视网膜是眼睛底部的血液细胞层，具有唯一的模式，可以用来识别个人身份，但是目前技术还不成熟。

虹膜识别：虹膜在我们的眼球里，每个人的虹膜天生不同，也不会变化，可以用来识别身份。

基因识别：每个人的基因是由遗传决定的，非常稳固，现在经常用来进行亲子鉴定。

人脸识别：人脸识别分面部识别和面部认证两种。面部识别通过面部特征来进行身份识别；面部认证则通过比对目标人物的面部特征与数据中已有的面部特征信息，来确定目标人物的身份。

步态识别：每个人走路的姿势都有固定的特点，美国正在研究用步态识别身份的技术。

签名识别：每个人写字的时候，握笔的姿势、手腕的转动都有一定的特点，目前签名认证的方式已经在手机、银行转账等领域使用。

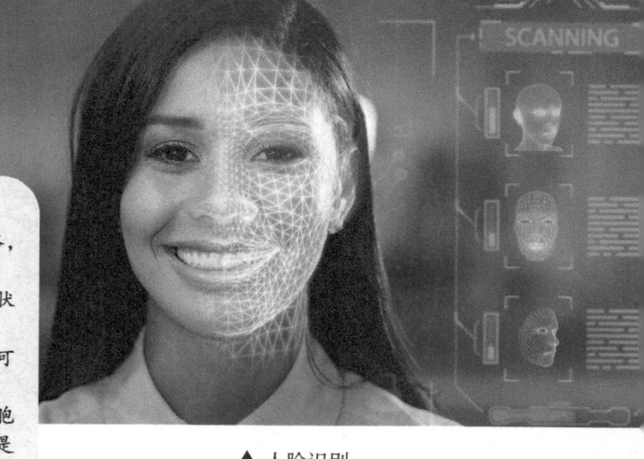

▲ 人脸识别

热点技术

人体的生理特征和一些行为特征，可以用来识别身份。目前已有的识别技术有指纹识别、手掌几何学识别、声音识别、视网膜识别、虹膜识别、基因识别、人脸识别、步态识别、签名识别等。

▲ 指纹识别

▲ 基因识别

技术运用

目前，智能身份识别技术已被广泛应用到军队巡逻、刑事侦查、边境安检、考生身份验证、财务支付等方面。

◀ 刑事侦查中的智能身份识别技术

智能家居系统

如今,人工智能离我们不再遥远,已经走进我们的家庭。智能家居系统是一种家庭的自动化系统,它可以把家里的各种家电、照明、安防等设备连接到一起,在互联网和智能开关的控制下,自动为人们提供生活服务。

各国产业情况

美国引领智能家居产业的发展,日本、德国、英国、瑞典、挪威等国也投入了大量资金。目前,智能家居产品主要集中在娱乐、清洁、安全、能源管理等领域。

中国产业崛起

中国智能家居产业自1994年萌芽,经历开创、徘徊、演变等阶段,如今已进入高速发展期。随着技术的不断发展,新产品层出不穷,智能洗衣机、智能冰箱、智能电视已经进入千家万户。

▼ 手机控制智能洗衣机

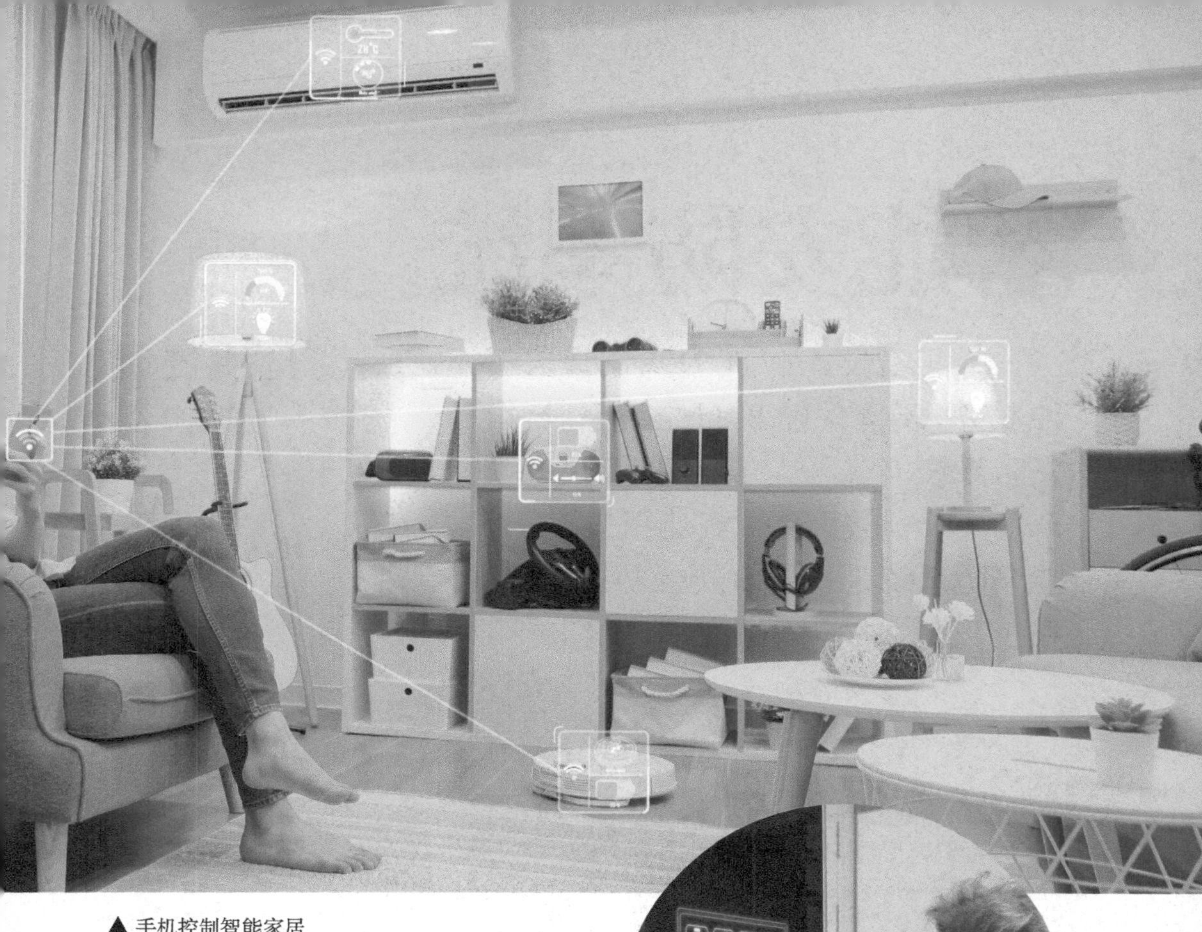

▲ 手机控制智能家居

设计原则

智能家居要为人们提供舒适、便利的生活环境，就要实用、好用，设计轻巧，个性化强，方便人们使用和维护。

▼ 智能家居系统应用界面

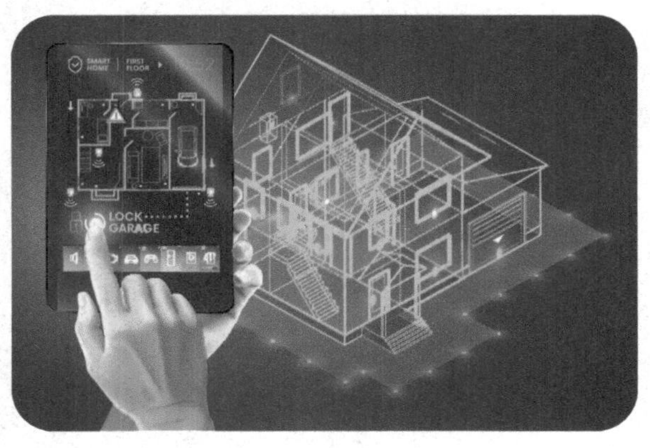

▲ 智能冰箱控制面板

发展趋势

未来的智能家居将出现更多实用的品种，应用于更广阔的生活场景；产品的形态逐渐统一，安全性能更高；形成完整的智能家居生态，为人们提供全方位的智能生活体验。

智能安防系统

人工智能不仅能为我们提供各种服务，还能保障我们的安全。智能安防系统能代替人工，保护人员和财产的安全，被称为“智能保安”。智能安防系统是一种重要的防护手段，在工厂、家居环境中应用广泛。

智能门禁系统

智能门禁系统是对出入通道进行智能管理的系统，由身份识别、传感报警、处理控制等系统组成，是安防系统的第一层防护。

▶ 公寓的刷脸智能门禁

▲ 地铁的刷卡智能门禁

视频监控系统

视频监控系统利用视频技术探测需要保护的区域，实时显示区域中的场景，并把场景记录下来，便于需要的时候调用。

▲ 家里安装的智能报警系统

智能报警系统

智能报警系统是智能安防系统的“大脑”，由主机、报警器、传感器等组成，安装在家庭住宅、大楼、车辆等各种需要安防的地方，有防火、防盗、防煤气泄漏等功能。

无线对讲系统

无线对讲系统是一种交流系统，可供多人实时通话，在发生突发事件时能高效地传达信息，最大限度地减少损失。

智能安防的优势

1.不需要人为干预；
2.通过机器自动检测；
3.有异常时自动报警；
4.方便快捷，效率高。

▼ 大楼里的智能监控系统

智能医疗

随着人们对优质医疗需求的增加，运用人工智能技术的智能医疗开始兴起。远程医疗、智能诊疗、智能药物开发等技术，减轻了医生的负担，提高了患者的受关注度和看病的效率。

▲ 人们采用人工智能技术研究新药

智能药物开发

人们将人工智能中的深度学习用于药物研究，通过大数据分析，准确找到适合的材料，研制新药。在一些抗肿瘤、治疗传染病的药物的开发中，人工智能发挥了很大的作用。

智能诊疗

智能诊疗，就是让计算机“学习”医生的技术，模拟医生的思维，给患者“看病”。美国的智能诊疗已经能够服务于各种癌症患者，中国的智能诊疗在肝病、骨科领域发展很快。

智慧医疗

中国正在建立智慧医疗系统，这个系统通过打造健康档案的区域医疗信息平台，实现患者与医务人员、医疗机构和医学设备间的互动，创建完全信息化的医疗系统。

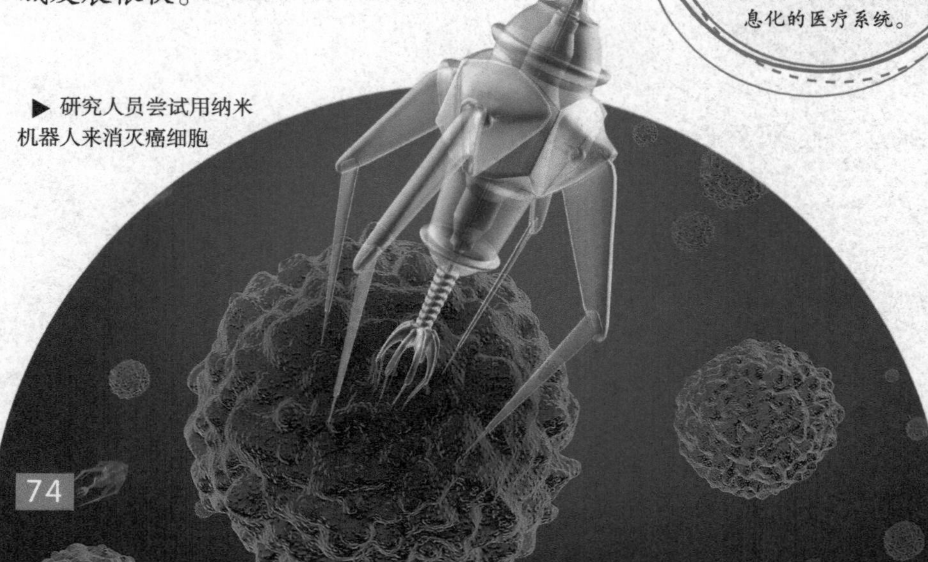

▶ 研究人员尝试用纳米机器人来消灭癌细胞

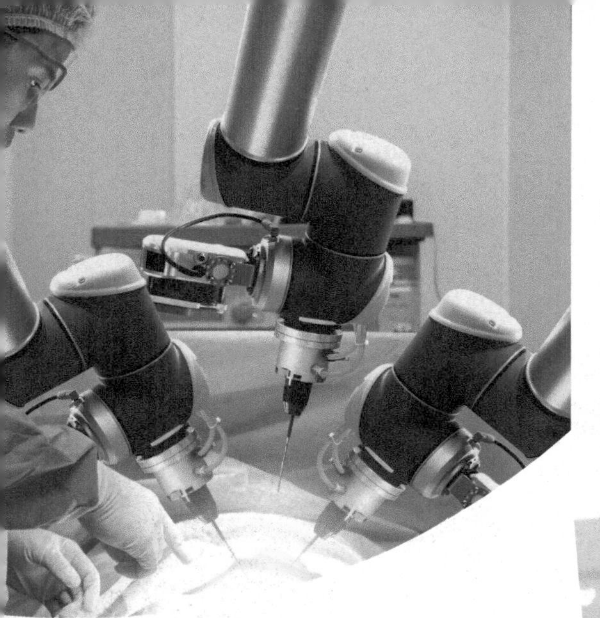

▲ 手术机器人协助外科医生进行手术

智能影像识别

在医院里，进行病理分析时医生所看的X光片、CT片，就是一种影像识别。现在美国已将人工智能手段用到癌症检测中，且检测的准确率超过一些放射科医生。

▲ 医院的服务机器人对病房进行远程监控

智能健康管理

智能健康管理把人工智能应用到人们平时的健康管理中，比如疾病的防御、病人的调养、精神健康管理等方面，还开发出了虚拟护士、移动医疗等系统。

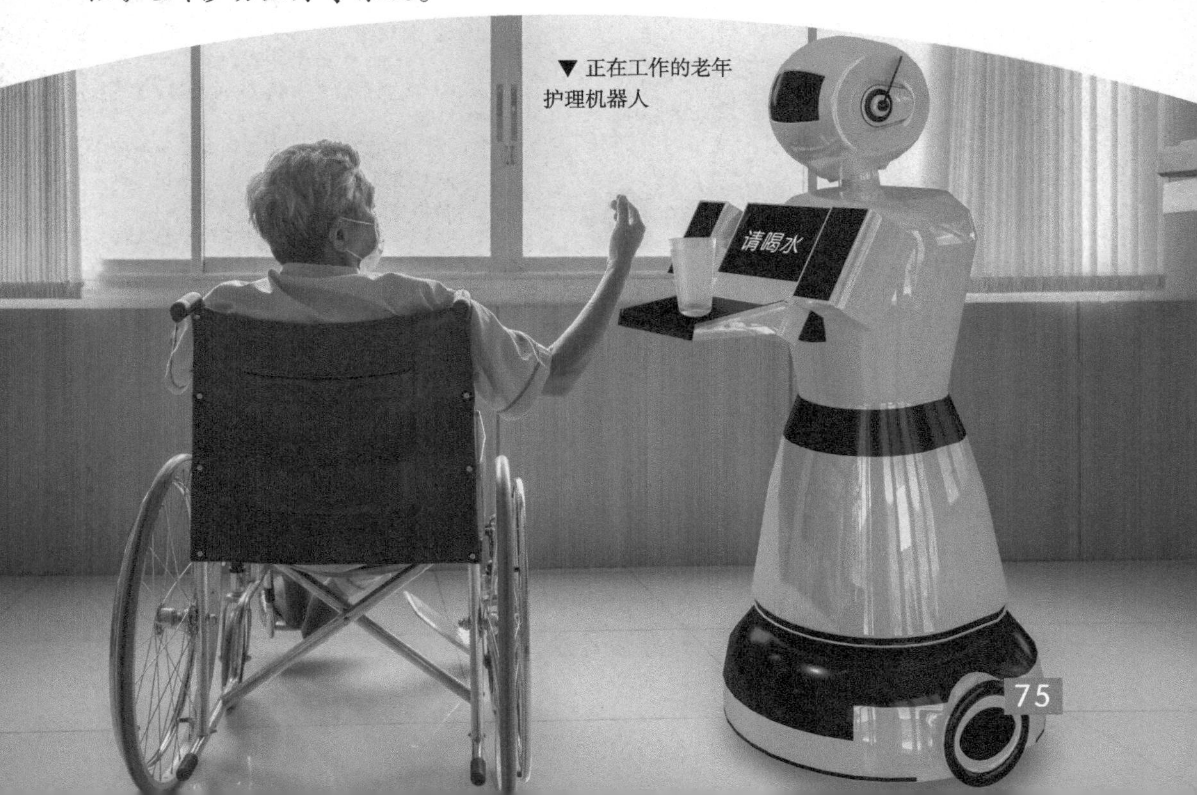

▼ 正在工作的老年护理机器人

智能教育

教育是人类社会的一项重要活动。智能教育就是人工智能技术和教育行业的结合，它能够突破各种限制，让处于不同环境的孩子都能享受到优质的教育，还能用技术手段提升教育的质量。

智能化教学

智能化教学是充分利用教育资源、大数据系统和教育硬件，为学生提供智能化的教育服务。智能化教学的出现对教育理念产生了很大的影响，使教育更加注重学生的个性化需求和全面发展。

智能教育和传统教育的区别

课堂主体：传统教育课堂的主体是老师；智能教育课堂的主体是学生。

教学内容：传统教育主要是知识的传递；智能教育则注重能力的提升。

学习资源：传统教育借助多媒体、黑板；智能教育结合互联网、大数据，有多种资源。

教学场所：传统教育的教学场所固定在教室里；智能教育的教学场所可以在任何地方。

作业情况：传统教育下的学生做固定的家庭作业；智能教育下的学生自己安排课后练习。

学习陪伴：传统教育下的学生需要家长或家教来辅导；智能教育下的学生有虚拟的学习助手陪伴。

▲ 在线教学

智能化学习

人工智能技术能根据每个学生的特点制订学习计划，提供学习方法，让学生根据自己的情况，安排学习时间，进行自主学习，并在有问题时及时和老师沟通。

▶ 未来的教育可能是一种“人机共生”的教育

智能化评价

智能化评价能用数据“说话”，清楚、系统地反映学生学习的全过程，对学生的学习方式、学习习惯、学习参与情况、学习成果进行全方位、客观的评价，个性化地支持学生成长。

▲ 学生佩戴 VR 头盔，体验课堂教学

智能化管理

智能化管理能利用多种技术进行课堂管理、考试管理、图书馆管理、宿舍管理、校园管理，可减轻老师和学校管理人员的工作负担，提高管理效率。

▶ 智能化图书馆的机器人

智能搜索引擎

搜索引擎是我们搜集信息的重要工具。智能搜索引擎是人工智能技术在搜索引擎方面的应用。它不仅能快速检索，还能自动过滤无用的信息，根据用户的兴趣自动推送内容。常用的智能搜索引擎有百度搜索、搜狗搜索、谷歌搜索等。

百度搜索

百度搜索是全球领先的中文搜索引擎，它能检索信息，还能分析、学习、理解信息中包含的知识和数据。

智能搜索的特点

操作方便：只要一次性输入关键词，就能迅速切换分类，减少了人工输入、选择的时间。

页面相似：各智能搜索界面大同小异，一般都包括搜索分类、搜索框和搜索引擎。

搜索全面：网页、音乐、游戏、图片、电影、购物等都能搜到。

集结资源：能集各个搜索引擎的搜索结果于一体，使用起来更方便。

▲ 百度搜索

搜狗搜索

搜狗搜索除了能进行快速检索、信息排序，还能提供用户角色登记、用户兴趣自动识别、内容语义理解等服务。

◀ 搜狗搜索

▲ Bing 搜索

Bing 搜索

Bing搜索是微软开发的一个智能搜索引擎，具有以下几个特点：

基于AI技术

搜索集成了微软自研的大型语言模型，可以理解用户的搜索意图，提供更智能的搜索结果。

支持多模态搜索

可以通过文本、图片、音频等不同模式进行搜索，识别信息并找到相关结果。

交互式功能

有交互式对话界面，用户可以进行多轮提问，搜索引擎基于上下文继续回答。

创意功能

具有创意功能，如AI绘画、聊天等，用户可以获得更好的体验。

竞争力提升

相较于早期版本，新版在搜索质量上有明显进步。

集成微软服务

搜索集成了微软图片、地图、文档等形式类别，为用户提供一站式搜索体验。

国际化支持

搜索支持多国语言，全球用户可以使用。

谷歌搜索

谷歌搜索不断改进技术，打造出了BERT模型，能够解决比较复杂的句子的搜索难题，优化搜索引擎功能。

▼ 谷歌搜索

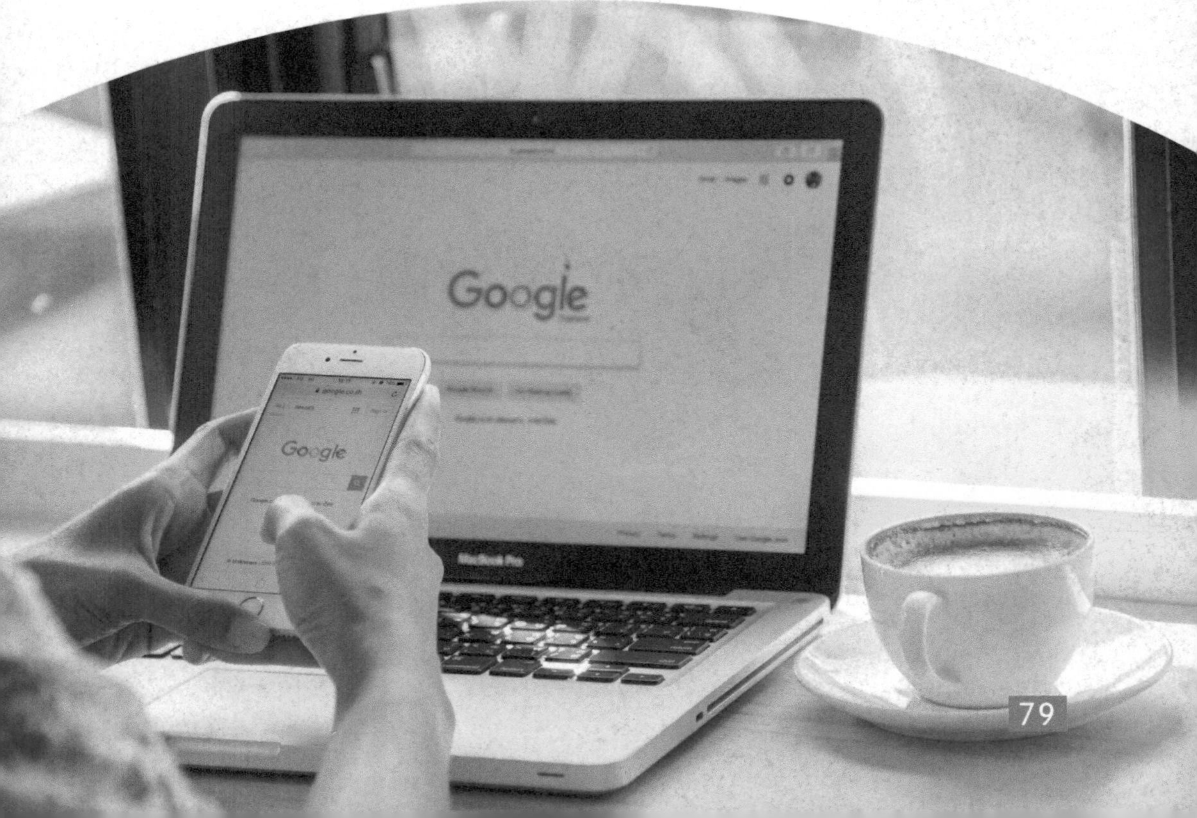

无人驾驶汽车

无人驾驶汽车是一种能自动感知路况，自动规划路线，并且自动行驶的汽车。它结合了人工智能、视觉计算等技术，目前在美国、德国、日本、中国等国家都有应用。

研发历史

美国率先研究无人驾驶汽车。第一辆真正意义上的无人驾驶汽车，是20世纪80年代诞生在卡内基梅隆大学计算机科学学院的Navlab汽车。其他各国紧跟其后，中国在1992年研制出了国内第一辆无人驾驶汽车。

技术设备

无人驾驶汽车装有传感器、摄像头、雷达、GPS导航系统，能够从云端接收交通信息，然后由处理器处理数据，再指挥控制系统进行加速、刹车、变道等操作。

▲ 无人驾驶汽车扫描道路

无人驾驶汽车的发展

1. 各个国家积极为无人驾驶立法。

2. 中国研制基于互联网的智能汽车，建设智能交通系统。

3. 完善自动驾驶的标准，提高无人驾驶的安全性。

4. 提升无人驾驶技术水平，促进产业快速发展。

技术级别

无人驾驶汽车根据自动化水平的不同，分为不同的级别：无自动化、驾驶支援、部分自动化、有条件自动化、高度自动化、安全自动化。

▲ 无人驾驶汽车实物图

著名汽车

中国著名的无人驾驶汽车有红旗 HQ3 无人车、轻舟无人小巴、百度无人驾驶汽车等；国外著名的无人驾驶汽车有斯坦利机器人汽车、优尔特拉汽车、赛卡博汽车等。

智能仓储

智能仓储是现代物流的一个环节，能保证仓库中物品的安全、数据的更新、物品的质量，并配合物流进行配送。智能仓储提高了仓库管理的效率，推动了物流业的发展。

配套设备

智能仓储管理除了一套便捷的仓储管理系统，还有入库机、出库机、查询机等各种硬件设备，用来配合各个流程的操作。

▼ 智能仓储配备自动导引车、机器人运输车、3D 打印机和机器人分拣系统

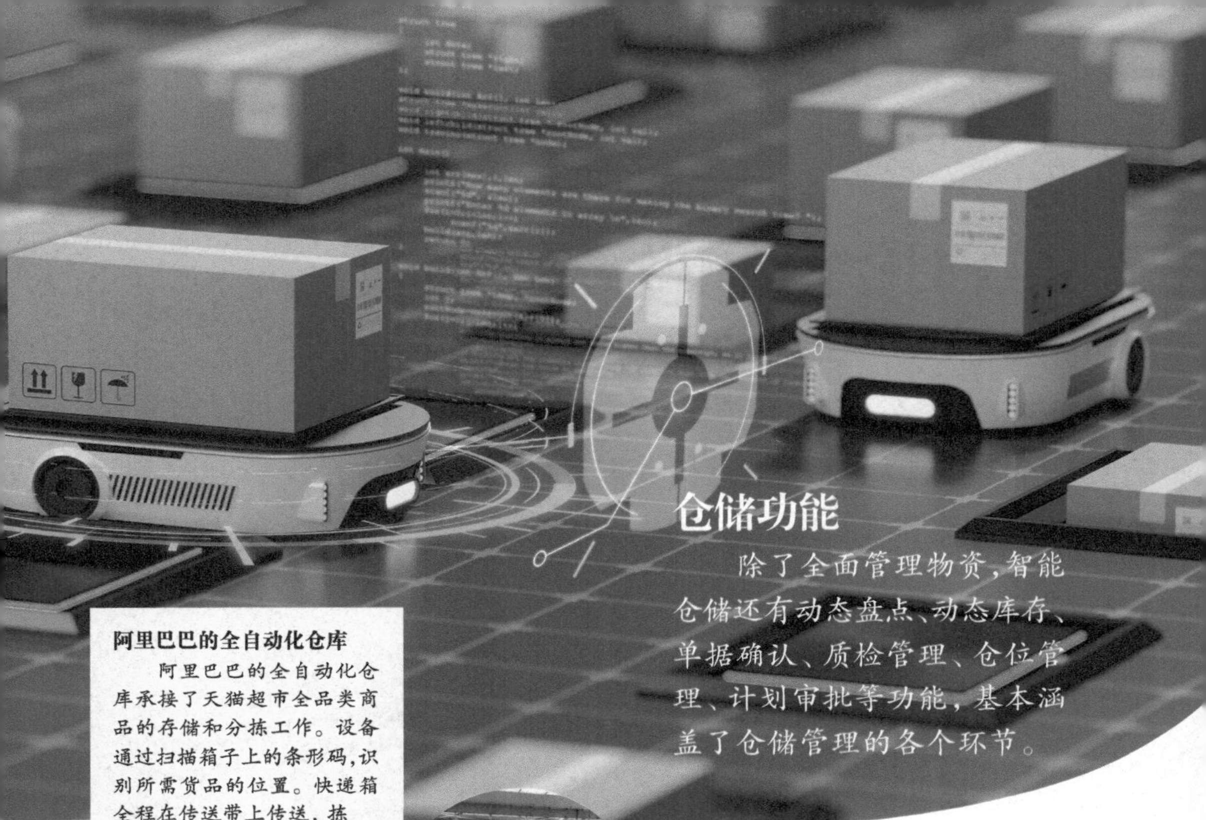

仓储功能

除了全面管理物资，智能仓储还有动态盘点、动态库存、单据确认、质检管理、仓位管理、计划审批等功能，基本涵盖了仓储管理的各个环节。

阿里巴巴的全自动化仓库

阿里巴巴的全自动化仓库承接了天猫超市全品类商品的存储和分拣工作。设备通过扫描箱子上的条形码，识别所需货品的位置。快递箱全程在传送带上传送，拣货员只负责取货。

▶ 阿里巴巴的全自动化仓库

应用技术

智能仓储需要物联网的支持，还需要应用智能控制技术、智能机器人码垛技术、智能信息管理技术、移动计算技术、数据挖掘技术等各种高科技。

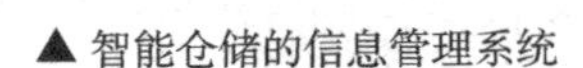

▲ 智能仓储的信息管理系统

系统优势

智能仓储反应速度快，数据容量大，准确性高，降低了人工盘点可能带来的误差。机器检查与运送减轻了人力负担，提高了工作效率。

▲ 智能仓储减轻了人力负担

中国智能仓储的发展

1975年至1985年，起步阶段，完成初步的研制和应用。

1986年至1999年，发展阶段，自动化仓储标准发布，行业进一步发展。

2000年至今，提升阶段，仓储技术提升，智能仓储在各个行业实现了应用。

智能控制系统

在人工智能领域，控制机器处理信息、提供反馈和制定决策的，不是人，而是一套智能控制系统。在经历了比较长的发展过程后，这套系统已能适用于大多数行业。

概念提出

20世纪60年代，科学家们开始尝试研究智能控制，并在学习控制系统和飞船控制系统中得以实践。1967年，美国科学家莱昂德斯等人首次提出“智能控制”一词。

智能照明控制系统

这是一种利用电磁调压和电子感应技术监控并跟踪供电情况，自动调节电压和电流的照明系统。该系统能节约用电，延长灯具的寿命，还能美化环境，现在广泛用在办公楼、酒店和学校里。

◀ 智能照明控制

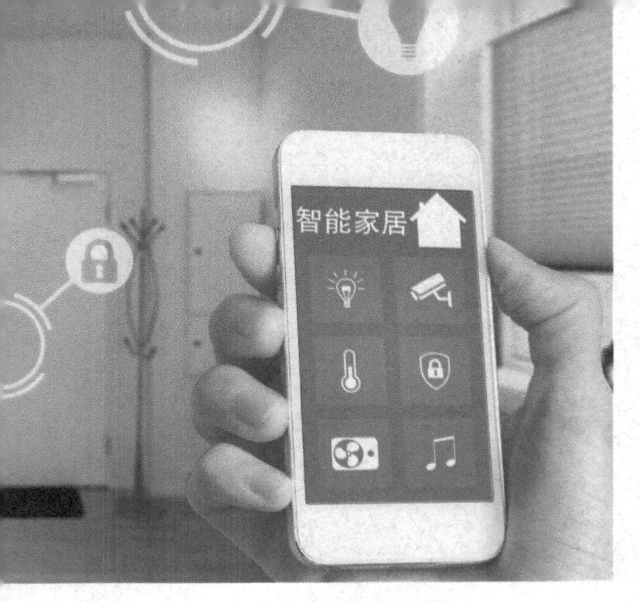

▲ 智能手机控制电器

相关技术

智能控制系统包含控制理论、计算机科学、人工智能等学科，结合遗传算法、专家系统、神经网络等理论，同时应用自学习控制、自组织控制、自适应控制等多项技术来实现智能化控制。

技术特点

与传统控制不同，智能控制能对复杂的局面进行控制，并且能够自动进行环境协调、系统修复和判断决策。

▼ 工程师通过智能控制系统实时监控工业机器人的焊接操作

技术应用

现在，智能控制技术既可以用在生产的某一个环节，也可以用来掌控整条生产线，它在改造机器制造模式、修理故障设备等方面发挥了很大的作用。

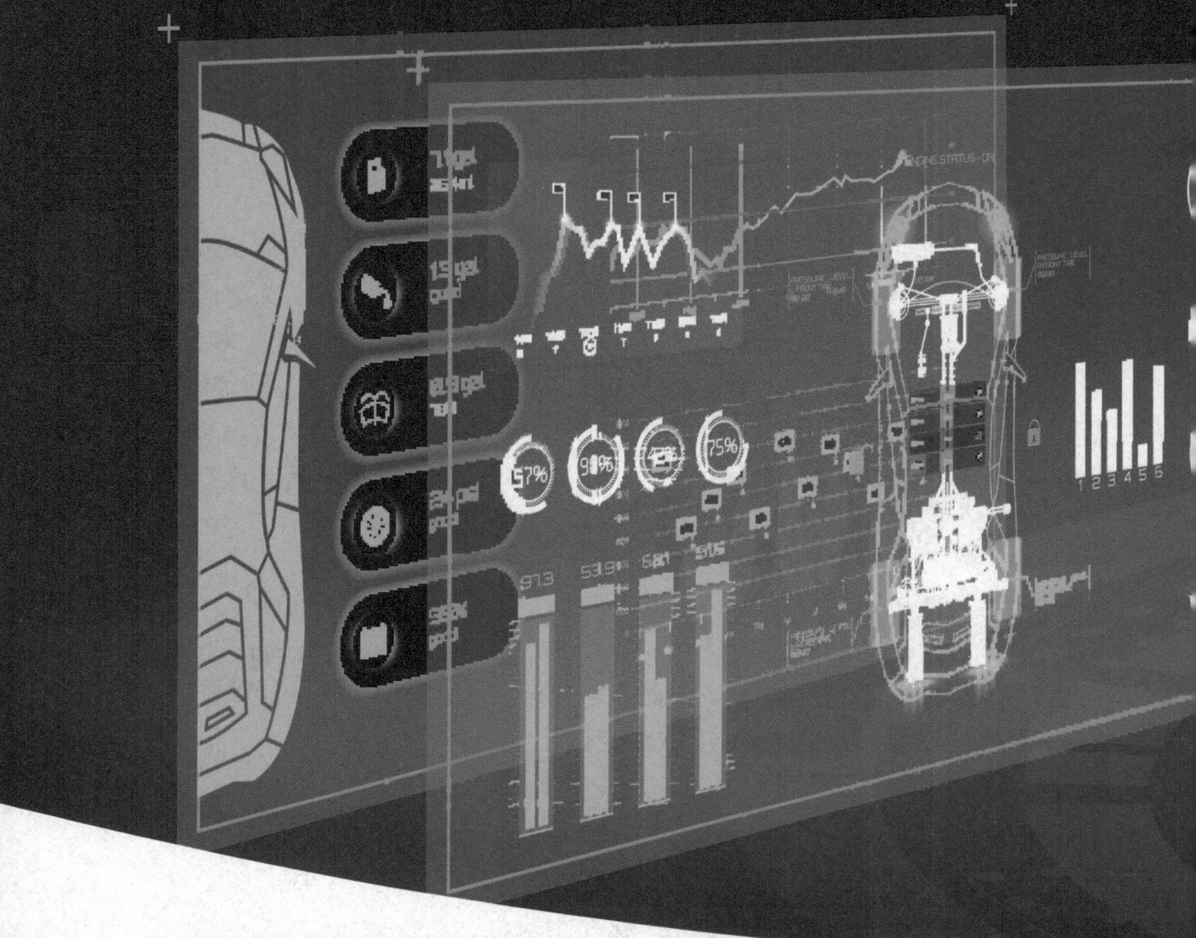

智能专家系统

智能专家系统是一个智能计算机程序系统，它具备大量的专业知识和经验，能够模拟人类专家解决问题，在军事、法律、商业等多领域发挥作用。

发展历程

1965年，科学家研制出了第一个专家系统，用来推断化学物质的分子结构。后来，专家系统经历了单学科向多学科的转变，目前处于具有多学科专家协作、多种智能表示功能的发展阶段。

▶ 农业生产智能专家系统

系统构造

智能专家系统由人机交互界面、知识库、推理机、解释器、综合数据库、知识获取模块等部分构成。

▲ 汽车故障分析智能专家系统

系统功能

智能专家系统可以储存已有问题的答案，也可以根据算法自动推理出其他问题的答案，还能不断进行知识库的更新和完善，提高解决问题的能力。

智能专家系统的分类

智能专家系统有按知识表示、任务类型的分类，也有按技术类型的分类。按任务类型的分类比较常见，可分为解释型、预测型、诊断型、调试型、维修型、规划型、设计型、监护型、教育型等。

◀ 医学诊断智能专家系统

系统应用

智能专家系统的解释功能可用在医学测试中，预测功能可用在农业生产中，诊断功能可用在机器检测和医学诊断中，规划功能则可用在一些管理系统中。

人工智能的未来

未来的人工智能是什么样子？会不会出现人们也难以分辨的智能体？我们对其充满期待，也难免产生一些恐惧。人工智能在推动社会发展的同时，确实也在改变人类的未来。

人工智能推动人类“进化”

人工智能推动了人类的“进化”。它促使人类不得不思考人类未来的发展方向，理性分析人和机器的根本区别，从人的本质出发，创造人类的价值。

▼ 未来的军事机器人想象图

军事变革

人工智能技术将推动军事变革。在未来的战争中，高度智能化的战争机器人将能够自行判断敌人的位置，自动作战。这种机器人作战能力高，但也很“冷血”。

人机合作

人不是机器，机器在某些方面也无法代替人类。未来的世界，是人机合作的世界，并有可能产生增强人体功能的设备，与人体相结合。

▲ 智能医院中的老年护理机器人

情感陪伴

未来的人工智能会更“懂”人类的感受，能和人进行情感交流，陪伴老人、儿童、病人和其他需要照顾的人。

《阿西洛马人工智能 23 条原则》

2017 年，在美国加利福尼亚州阿西洛马举行的“阿西洛马 AI 会议”上，近千名人工智能和机器人领域的专家联合签署了《阿西洛马人工智能 23 条原则》。这 23 条原则涵盖人工智能科学研究、人工智能伦理价值等领域的问题，希望可以保障人类未来的伦理、利益和安全。

价值规范

人类会为未来的人工智能植入人类的价值系统，并制定适用于人工智能的法律，让人工智能的行为符合人类的伦理道德。